Ulrich Cimolino · Jan Südmersen · Thomas Zawadke

Vegetationsbrand-bekämpfung

Bibliografische Informationen der Deutschen Nationalbibliothek
Die Deutsche Nationalbibliothek verzeichnet diese Publikation in der Deutschen Nationalbibliografie; detaillierte bibliografische Daten sind im Internet über <http://www.dnb.de> abrufbar.

Bei der Herstellung des Werkes haben wir uns zukunftsbewusst für umweltverträgliche und wiederverwertbare Materialien entschieden.

ISBN 978-3-609-77508-1

E-Mail: kundenservice@ecomed-storck.de
Telefon: 089/2183-7922
Telefax: 089/2183-7620

www.ecomed-storck.de

Titelbild: AdobeStock/Victor Lazarev

Druck: Westermann Druck, Zwickau

Inhaltsverzeichnis

Vorwort

Die Bekämpfung von Vegetationsbränden erscheint den meisten deutschsprachigen Einsatzkräften aus ihrem üblichen Erfahrungsschatz recht einfach. Es handelt sich schließlich in den meisten Fällen „normativ" um Klein- oder Mittelbrände. Nur sehr selten werden diese zu echten Großbränden oder gar Großschadenslagen bzw. Katastrophen im Sinne üblicher Nomenklatur der Feuerwehr. Die Erfassung und Auswertung von relevanten Vegetationsbränden aus mehreren Jahrzehnten (vgl. CIMOLINO, 2014) zeigt aber u.a.:

- Häufig wird die Gefährdung für die Umgebung oder die Einsatzkräfte bzw. das Ausbreitungsrisiko sowie der personelle, technische und zeitliche Aufwand unterschätzt,
- fast jedes Feuer in trockener, brennbarer Umgebung kann sich unter den Einflüssen von Wetter (hier v.a. Wind), Umgebung (hier z.B. Hangneigung) bzw. fehlenden Löschmöglichkeiten (hier z.B. mangelnde Löschmittel bzw. Mängel in der Technik, Taktik, Zusammenarbeit) schnell zum Großeinsatz ausweiten,
- z.T. fehlt geeignete Technik (Fahrzeuge und Ausrüstung sowie PSA),
- es besteht je nach Wetterlage und Vegetation bzw. Bodenart teils wochenlang die Gefahr von Rückzündungen.

Der Erfahrungsschatz aus den größeren bzw. problematischen Einsätzen wird viel zu selten durch ausführliche und ehrliche Berichte dokumentiert und damit wieder abrufbar. Selbst wenn es Berichte gibt, ist festzustellen, dass die darin geschilderten Erfahrungen nach wenigen Jahren wieder in Vergessenheit geraten. Ist – topographieabhängig – eine bestimmte Größe des Brandes überschritten, kann mit herkömmlichen Löschverfahren und Einsatztechnik bzw. -taktiken, die bei den meisten deutschsprachigen Feuerwehren v.a. aus dem Bereich der Gebäudebrandbekämpfung kommen, nicht mehr viel erreicht werden. Gleichzeitig steigt die Gefährdung der Einsatzkräfte durch das häufig nicht nur optisch beeindruckende, sondern auch oft sehr dynamisch auftretende Ereignis „Vegetationsbrand" erheblich.

Die Bekämpfung von großen Vegetations-, hier v.a. großer Waldbrände und der Einsatz bei Hochwasser sind die in Friedenszeiten praktisch einzig möglichen Szenarien, bei denen es zwar im Vergleich mit anderen Einsatzszenarien selten, aber doch regelmäßig zum (bundes-)länder- oder sogar staatenübergreifenden Einsatz von Kräften und Einsatzmitteln kommt, vgl. CIMOLINO (2010). Umso wichtiger ist eine verständliche und eindeutige Nomenklatur für eine grundsätzlich gleiche Einsatztaktik sowie eine darauf basierende Ausrüstung und Ausbildung. Davon ist Deutschland derzeit leider noch – bzw. wieder – weit entfernt.

Die Einsatzkräfte müssen dazu rechtzeitig die spezielle Lage und ihre jeweiligen konkreten Gefahren erkennen und bewerten. Sie müssen die Umstellung auf Einsatztaktiken schaffen, die sich im Vergleich zu den anderen Brandbekämpfungsszenarien besser für Vegetationsbrände eignen. Die Führungskräfte müssen künftig darüber hinaus (wieder) lernen, auch tagelange Einsätze gut organisiert zu bekommen. Dazu müssen sie im Vergleich zu den üblichen Standardeinsätzen mit mehr und anderen Einsatzoptionen auch anderer Behörden und spezifischer Dienstleister planen und arbeiten, um einen sicheren, dabei effizienten, d.h. ressourcensparenden und effektiven, d.h. erfolgreichen, also insgesamt guten Löscheinsatz durchführen zu können. Dies kann am besten durch das Zusammenwirken verschiedenster Einsatzbereiche und -taktiken erreicht werden. Dazu müssen Mitarbeiter verschiedenster Gefahrenabwehrorganisationen, der Bundeswehr, Polizei und Forstwirtschaft sowie Meteorologie und ggf. Geologie bzw. Geographie unter einer gemeinsamen Einsatzleitung zielorientiert zusammenarbeiten.

Nur wenn die einfachen Grundlagen der Vegetationsbrandbekämpfung inkl. dem Gebrauch der üblicherweise vorhandenen Werkzeuge und Löschgeräte zum Standardwissen der Feuerwehrangehörigen werden, die notwendige Basisausrüstung flächendeckend sowie diese ergänzende Sonderausrüstung und Spezialisten ausreichend verteilt verfügbar ist, wird es gelingen, den sich aufgrund der klimatischen, soziologischen und demographischen Entwicklungen abzeichnenden Veränderungen weiter erfolgreich und sicher begegnen zu können.

Die Autoren respektieren die Leistung aller weiblichen Feuerwehrangehörigen. Frauen bereichern die Feuerwehren und ohne sie ist das bewährte flächendeckende Feuerwehrsystem in Deutschland nicht mehr zu erhalten. Wir haben versucht, geschlechtsneutrale Bezeichnungen zu verwenden. Im Sinne der Lesbarkeit haben wir, wo dies nicht möglich ist, auf die weibliche Form verzichtet, ohne damit zu unterstellen, dass die Feuerwehr Männersache sei.

Unser Dank gilt darüber hinaus in alphabetischer Reihenfolge:

- Stephan Brust, Abteilungsleiter Technik, Staatliche Feuerwehrschule Würzburg
- Andreas Hanl, FF Weißwasser
- Hanswerner Kögler, FF Ottendorf
- Detlef Maushake, BF Satzgitter, Waldbrandteam, für die Mitarbeit an der 1. Auflage in der Buchreihe Einsatzpraxis
- Alexander Otte, Einsatzpilot bei der Bundespolizei
- Dr. Martin Schmid, Abteilungskommandant Flughelfer FF München

sowie dem gesamten Team von @fire, eine der wenigen überregionalen Organisationen, die sich in den letzten Jahren in Deutschland kontinuierlich mit Verbesserungen bei der Vegetationsbrandbekämpfung befasst.

Düsseldorf, Bad Oeynhausen und Neu-Ulm, im Dezember 2020

Dr. Ulrich Cimolino, Jan Südmersen, Thomas Zawadke

Die Autoren

Dr. rer. sec. Ulrich Cimolino (Jahrgang 1964)
Seit 1981 FF Pfarrkirchen, Bayern; von 1991 bis 1993 hauptberuflich als Brandreferendar, ab 1993 BF Düsseldorf (bis August 1998 Abteilungsleiter Aus- und Fortbildung, FF, Sport, ab August 1997 bis 20. Juni 2018 Abteilungsleiter Technik), seit 1. Juli 2018 Stabsstelle Katastrophenschutz/Wissenschaft.

Dipl. Ing. Jan Südmersen (Jahrgang 1969)
seit 1982 FF Bad Oeynhausen (NRW), ab 1995 auch hauptberuflich BF Düsseldorf (Ausbildung, Einsatzplanung), seit 1996 FF Wallenhorst (NDS). Mitglied im Adhoc-AK Waldbrand DFV/AGBF und darüber im CTIF.Präsident und Gründungsmitglied @fire.

Thomas Zawadke (Jahrgang 1958)
Seit 1973 FF München, Herbolzheim, jetzt Thalfingen/ Elchingen (KBM im LK Neu-Ulm). Dipl.-Ing. Fahrzeugtechnik 1989–2001 bei Magirus, 2001–2004 Tony Brändle AG/CH). Seit 2004 selbstständiger Beratungs- und Entwicklungsingenieur. Seit 1995 Lehrauftrag an der HS Ulm (Feuerwehrfahrzeugtechnik). Mitarbeiter im DIN FNFW und Referat 6 des VFDB. Auslandspraktika in USA, GB, PL, NL, F, SP, A. Vorstandsmitglied von @fire.

1 Einleitung

1.1 Bedeutung des Waldes bzw. der Vegetation

Die Waldfläche in Deutschland nimmt seit Jahren nicht ab, sondern seit Jahrzehnten weiter leicht zu. Es gibt viele große zusammenhängende Waldgebiete mit über 10.000 ha.

Andere relevante (d.h. größere) feuergefährdete Vegetationsformen sind Heide- oder Moorflächen sowie auch bewirtschaftete Felder (hier v.a. Getreide) bzw. (Bahn-/Straßen-)Böschungen.

Die Funktionen des Waldes bzw. der Vegetation gehen weit über den rein wirtschaftlichen Wert hinaus und umfassen u.a. die Reinigung

Abb. 1: Wald- und Heideflächen im sog. „Meinweggebiet" im niederländisch-deutschen Grenzraum zwischen Wassenberg und Roermond. Brände auf solchen Frei- bzw. Heideflächen sind nach bisheriger Definition keine Waldbrände und werden daher i.d.R. auch nicht als solche erfasst, obwohl sie erhebliches Gefährdungspotenzial für Menschen (Wandergebiet, Einsatzkräfte) und den angrenzenden Wald besitzen und oft tagelange Einsätze in schwierigem Gelände mit sich bringen. In diesem Gebiet brannte es vom 20. – 24.04.2020 auf ca. 200 ha in schlecht erreichbaren Bereichen.

von Luft, Wasser, den Schutz vor Lärm und Wind sowie die Funktion als Erholungsraum für Mensch und Tier.

Waldgesetze

Der Schutz des Waldes vor Bränden hat daher in allen entwickelten Ländern Tradition und wird umfangreich in gesetzlichen Rahmenvorschriften geregelt, z.B. über die Landesforst- bzw. -waldgesetze. In Deutschland herrscht in den Wäldern meist vom 01.03. – 31.10. eines Jahres grundsätzlich Rauchverbot (vgl. u.a. für NRW: LFoG § 47 (3)). In einigen Bundesländern z.B. Berlin, Brandenburg, Rheinland-Pfalz, Sachsen und Thüringen gilt in Wäldern ein ganzjähriges Rauchverbot. In Mecklenburg-Vorpommern gilt grundsätzlich ein dauerhaftes Rauchverbot, nur auf extra gekennzeichneten Raucherinseln ist dort das Rauchen im Wald erlaubt. Offene Feuer im Wald oder der Nähe zum Waldrand (in den einschlägigen Gesetzen, z.B. NRW LFoG § 47 (2)) ist ein Mindestabstand von 100 m genannt!) sind i.d.R. verboten.

Die Feuerwehren müssen sich mit den jeweils geltenden länderspezifischen bzw. örtlichen Regelungen beschäftigen und sie in ihre Öffentlichkeitarbeit nach Vegetationsbränden bzw. in der „Waldbrandsaison" mit einbeziehen, weil das zur Vermeidung von Bränden beiträgt.

1.2 Bedeutung von Vegetationsbränden

Vegetationsbrände werden in den meisten Fällen in Mitteleuropa durch den Menschen (fahrlässig oder vorsätzlich), durch Fahrzeuge (z.B. heiße Abgasanlagen, Fahrzeugbrände, Funkenflug aus landwirtschaftlichen Maschinen, Dampflokomotiven oder Heißläufer von Bremsen oder Achsen von Waggons), viel seltener durch Blitzschläge oder andere natürliche Ereignisse verursacht. Die oft erwähnten Glasscherben oder Flaschenböden („Brennglaseffekt") sind nicht verifiziert und müssen als Mythen betrachtet werden. Müller et al. (2006) haben dies für verschiedene Glastypen und -formen 2006 untersucht. In keinem Fall gelang es, die nötigen Zündtemperaturen (ca. 300 °C) zu erreichen, so dass es trotz idealer Bedingungen in keinem Fall zur Zündung kam. Es ist aber unter Idealbedingungen möglich, mit auf dem Boden liegenden, mit klarer Flüssigkeit vollgefüllten, klaren Glas- oder auch Plastikflaschen bei starker Sonneneinstrahlung einen Brennglaseffekt zu erzeugen, der zur Zündung des trockenen Bodens reicht!

Abb. 2: Blitzschlag ist eine mögliche, aber seltene Ursache von Waldbränden (MÜLLER, 2019). Hier abgebildet: Zwei Beispiele (2004 und 2007) aus der Sächsischen Schweiz.

Vegetationsbrände kommen als natürliche Prozesse seit jeher im Kreislauf der Natur vor und sind für bestimmte Pflanzenarten nicht nur Düngerlieferant (Asche), sondern sogar nötig. Brände lichten den alten Bestand aus und sorgen so dafür, dass junger Bewuchs und bestimmte Tierarten überhaupt erst eine Chance erhalten, zum anderen gibt es in bestimmten Vegetationszonen Pflanzen, sog. Pyrophyten, die nur keimen, wenn ihre Samen bzw. deren Träger (z.B. Zapfen) durch die Temperatur eines Waldbrandes aufplatzen. Diese spielen aber in Mitteleuropa keine Rolle, auch wenn immer wieder etwas anderes behauptet wird (MÜLLER, 2019). Leichte Bodenfeuer verringern allerdings auch hier die Gesamtbrandlast und damit das Risiko, dass sich Vollfeuer entwickeln können, die weit gefährlicher sind. In den USA erfolgt daher in Teilen eine Nutzung von kontrollierten bzw. beobachteten Bränden (Wildfire Use = WFU), um einen Nutzen für die Natur zu erzielen oder Brandlasten als Vorbeugung vor unkontrollierbaren Großbränden zu reduzieren.

Negative Folgen

Waldbrände haben weitere negative Effekte auf den Wald bzw. seine Flora und Fauna. Stark verallgemeinert kann das wie folgt zusammengefasst werden (HANL, 2013):

- Direkte Waldbrandschäden:
  - Feuereinwirkung auf Kronen, Stamm (Rinde) oder Wurzeln.
  - Starke Schädigung bzw. Vernichtung des Jungwaldes.
  - Starke Schädigung bzw. Vernichtung bestimmter Tierarten (was nicht schnell genug flüchten kann, das gilt v.a. für Jungtiere aller Arten).
- Indirekte Waldbrandschäden:

- Pilz- oder Schädlingsbefall geschwächter Vegetation mit der potenziellen Ausweitungsgefahr auch auf den gesunden Bestand.
- Aushärtung bestimmter Bodenarten durch Ausglühen und Verbacken des Bodens, dann erschwerter Neubewuchs, da gleichzeitig auch die Keimlinge im Boden durch die Hitzeeinwirkung zerstört werden. Dazu kommen Verluste an Kohlenstoff und Stickstoff im Boden, die über Jahrzehnte Folgen und aufwändige Begleitmaßnahmen für den Wiederbewuchs haben. Neue Vegetation hat es darauf sehr schwer – und erst viele Jahre nach einem so intensiven Feuer wird man wieder einen einigermaßen normalen Bewuchs darauf finden. Ob es der ist, der auch von den Forstwirten oder Ökologen gewünscht wird, hängt sehr stark von der Umgebung und den begleitenden Maßnahmen ab. Dazu führt eine so verhärtete Oberfläche zum beschleunigten Ableiten von Regenwasser, das so gar nicht erst in den Boden eindringen kann, aber auch abseits der eigentlichen Brandflächen dann die Erosions- und auch die Hochwassergefahren verstärken wird.
- Erosion des Bodens, wenn die bodendeckenden Pflanzen und die schützende organische Bodenschicht (Reisig, Blätter, Gräser) vom Feuer zerstört ist (durch direktere Einwirkung des Niederschlags und durch schnelleres Abfließen des Wassers).
- Vernichtung der Nahrungsquelle von Tieren.
- Verdrängung der eigentlichen (beschädigten) „Originalvegetation“ durch schneller nachwachsende andere Pflanzen.

Vegetationsbrände in bewirtschafteter bzw. bewohnter Umgebung gefährden Menschen, Tiere und Sachwerte! Initial muss die Feuerwehr in Europa daher immer davon ausgehen, die gemeldeten Brände in der Vegetation auch bekämpfen zu müssen!

Spätestens im Zuge von Wiederaufforstungen nach geplantem Holzeinschlag oder erst recht nach Waldbränden sollten aber alle Erkenntnisse der Forstwirte mit herangezogen werden, um

- ► Bewuchs so zu planen oder zu bereinigen, dass
  - leicht brennbare Monokulturen vermieden werden,
  - Schlagabraum weitgehend entfernt wird, damit sich nicht meterhohe brennbare Schichten oberhalb des eigentlichen Bodens bilden,
  - leicht brennbares Unterholz durch mechanische Arbeit (Sägen, Hacken) oder Brennen (s.o. WFU) entfernt wird,

Abb. 3: Brände in bewohnten Gebieten müssen bekämpft werden, um Schäden an Menschen, Tieren und Sachwerten zu verhindern oder wenigsten zu verringern. Hier gelang es der Feuerwehr auf Ibiza, den sich rasant entwickelnden Vegetationsbrand erst unmittelbar am Haus zu stoppen. Die Bauart des Hauses war bei der Verteidigung hilfreich (festes Gebäude, kleine Öffnungen). Die Straße als „natürliche Brandschneise" konnte das Feuer nicht stoppen. Breiten von 10 – 30 m (üblicher Straßenbau, inkl. Bankette und Böschungen) sind für ein windgetriebenes Bodenfeuer[1], das hier auch noch hangaufwärts laufen kann, kein ernst zu nehmendes Hindernis.

  - geeignete biologische Brandriegel aus weniger leicht brennbaren oder weniger Unterholz-Gewächsen geschaffen werden, auch an den Rändern von vorhandenen – aber evtl. zu schmalen „natürlichen" Schneisen (Wundstreifen oder Waldbrandriegel) wie Straßen (Eichler, 2012).
- ► Straßen und Wege im Wald so anzulegen und zu dimensionieren – und auch in der Folge weiter zu unterhalten –, dass sie nicht nur die Bewirtschaftung der Fläche erlauben und als wirksame Schneisen dienen, sondern auch den nötigen Kräfteaufmarsch zur Brandbekämpfung erlauben.
- ► Wasserstellen einzurichten (z.B. anfahrbare Saugstellen an offenen Gewässern) oder zu schaffen (z.B. in der Erde vergrabene Tanks), die es erlauben, für die Brandbekämpfung in vegetationsbrandgefährdeten Gebieten schnell Wasser entnehmen zu können, auch wenn es weder ausreichend große offene Gewässer, noch Löschwasserleitungen oder -teiche gibt.

Je nach topographischen Bedingungen bzw. dem Pflanzenbewuchs, den üblichen bzw. auftretenden meteorologischen Bedingungen sowie in gewisser Weise auch noch je nach Bodensituation variieren die Formen der in den Regionen auftretenden Vegetationsbrände sehr stark. Trotzdem gelten für die Bekämpfung größerer Brände bei allen Unterschieden einige Standards, auf die später eingegangen wird.

[1] Bodenfeuer deshalb, weil es sich um keinen Vollbrand handeln konnte, da die Bäume noch durch das Feuer ausgetrocknete Nadeln haben, die großflächig eben nicht gebrannt haben.

1.3 Weitere Entwicklung

Es wird prognostiziert, dass es künftig auch in Deutschland und seinen Nachbarländern mehr und größere Vegetationsbrände geben wird und die dadurch verursachten Schäden steigen werden. Dies liegt zum einen an der Erhöhung des grundsätzlichen Vegetationsbrandrisikos durch veränderte klimatische Bedingungen, die wiederum zu Änderungen an der Vegetation führen.

Gleichzeitig besteht das Problem, dass nach wie vor auch im Jahr 2020 die Vegetationsbrandbekämpfung in keinem der üblichen Feuerwehrlehrgänge (weder zur Grundausbildung, noch zur Führung) eine Rolle spielt, vgl. FwDV 2, 3, 100. Nur wenige Feuerwehren führen hier geplante und organisierte Zusatzausbildungen durch. Den meisten Einsatzkräften fehlen Erfahrungswerte – und selbst wo Erfahrungen vorliegen, unterschätzen auch waldbranderfahrene Einsatzkräfte schnell die Risiken, selbst auf den ersten Blick recht harmlos erscheinender Lagen. Dies führt jedes Jahr zu toten Einsatzkräften auf der ganzen Welt – auch in Europa.

Abb. 4: Einsatzkräfte auf der Insel Kornat, Kroatien, empfanden das Feuer am 30.08.2007 aufgrund der Bedingungen und der geringen Flammenhöhe offensichtlich zunächst nicht als großes Risiko. Allerdings starben hier 12 Einsatzkräfte (6 direkt, 6 in den Tagen danach) an Rauchvergiftung und Verbrennungen. Hier eines der letzten Fotos aus dem verunglückten Team, über Jembrih, Zapresic.

2 Rechtliche Grundlagen und Einsatzmöglichkeiten

Zuständigkeiten

Die Zuständigkeiten teilen sich je nach Größe bzw. Beteiligung bei der Vegetationsbrandbekämpfung in Deutschland rechtlich auf in

- private (z.B. Grundstücks-, Wald- bzw. Gebäudeeigentümer),
- kommunale (z.B. Feuerwehr),
- kreisweite (z.B. Rettungsdienst, untere Umweltschutz- bzw. Forstbehörden),
- länderspezifische (z.B. Katastrophenschutz, Polizei) bzw. sogar
- bundesspezifische (z.B. Bundespolizei, Bundeswehr)

Verantwortlich- bzw. Zuständigkeiten oder Rechte und Pflichten.

Dazu kommt noch die föderale Struktur Deutschlands mit 16 Bundesländern – und der Bund – und ihren jeweils eigenen Vorstellungen in der Gefahrenabwehr und für den Katastrophenschutz.

2.1 Zuständigkeiten für den Brandschutz

Die Regelung des Brand- und Katastrophenschutzes obliegt in Deutschland innerhalb der föderalen Aufgabenverteilung nach Art 30 i.V.m. Art 70 GG den Bundesländern, da der Brandschutz im Grundgesetz nicht weiter genannt ist. Diese föderalen „Zuständigkeiten" werden immer dann zum Problem, wenn Einsätze übliche Größen oder Flächen überschreiten, mehrere Kreise oder gar Bundesländer direkt betroffen sind und ggf. auch noch der Bund eine Rolle spielt (z.B. bei der Anforderung und Koordinierung von Hilfe aus dem (EU-) Ausland).

Die Brandschutzgesetze der Länder regeln den Aufbau, den Betrieb und die Unterhaltung von ausreichend leistungsfähigen Feuerwehren. Die Unterhaltung ausreichend leistungsfähiger Feuerwehren ist in Deutschland Pflichtaufgabe der Gemeinden und als solche in allen Brandschutzgesetzen der Bundesländer geregelt. Die Bekämpfung von Schadenfeuern, also auch von Vegetationsbränden, gehört daher als Pflichtaufgabe zum Aufgabenspektrum jeder Gemeinde bzw. Feuerwehr.

Seit ca. 2002 verschmelzen aber Aufgaben des Katastrophenschutzes auch offiziell immer mehr mit denen des Zivilschutzes, weil sich Bund und Länder hier auf eine intensivierte Zusammenarbeit geeinigt haben. Große Vegetationsbrände bewegen sich häufig im Grenzbereich zur Katastrophe oder sind eindeutig als solche einzustufen.

Die Kreise unterstützen nach den einschlägigen Brandschutzgesetzen die Gemeinden. Hierzu zählt i.d.R. neben der Finanzierung bzw. Bezuschussung von gemeindeübergreifend eingesetzten Ausrüstungsgegenständen bzw. Fahrzeugen auch die Einsatzleitung. Spätestens wenn zu erwarten ist, dass ein Vegetationsbrand so groß wird, dass bei der Bekämpfung die Möglichkeiten einer Gemeinde überschritten werden oder Gemeindegrenzen überschritten werden, muss davon ausgegangen werden, dass überörtlicher Koordinierungsbedarf besteht.

Abb. 5: In den Regierungsbezirken von NRW gibt es seit einigen Jahren vorgeplante Einheiten für die überörtliche Hilfe. Diese üben nicht nur gemeinsam, sondern wurden auch bereits mehrfach erfolgreich zum Einsatz gebracht. Hier eine Einheit (konkret die Bereitschaft IV) des Regierungsbezirks Düsseldorf auf dem Sammelplatz in Düsseldorf kurz vor Abmarsch zu einem Realeinsatz (Großbrand) nach Krefeld.

In den letzten Jahren wurden in den Bundesländern wieder vorgeplante Strukturen bzw. Einheiten für die Gefahrenabwehr aufgestellt bzw. geplant. Es ist aber leider davon auszugehen, dass viele davon unter echten Herausforderungen nicht so wie geplant funktionieren werden. Entweder gibt es die entsprechenden Fahrzeuge bzw. Einsatzkräfte gar nicht (mehr) bzw. noch nicht, oder die wirkliche Schlagkraft ist insbesondere für die Vegetationsbrandbekämpfung nicht einschätzbar, weil die geschlossenen Verbände aus verschiedenen Standorten kommen und kaum jemals gemeinsam üben. Dazu gibt es nur wenige Führungskräfte, die größere und dazu noch gemischte Einheiten (z.B. Feuerwehr, THW, Rettungsdienst usw.) wirklich führen können. Außerdem ist weiter davon auszugehen, dass die Begriffe zu taktischen Strukturen in den einzelnen Bundesländern nicht identisch sind oder auch nur gleiche Bedeutungen haben.

Den gemeinsamen Einsatz erschweren außerdem die immer weiter auseinanderdriftenden Fahrzeugvarianten, die oft taktisch bzw. technisch nichts mehr mit eigentlich genormten Fahrzeugen (z.B. (T)LF) zu tun haben.

Länderspezifische Regelungen

In den Details der Regelungen (auch zum Kostenersatz) gibt es in Deutschland erhebliche Unterschiede. Das hat Folgen sowohl für die Anforderungen von Einheiten bzw. Hubschraubern mit Außenlastbehälter, aber auch für die Kostenregelungen. Es gibt Bundesländer, da müssen die anfordernden Gemeinden in jedem Fall die Kosten selbst tragen, wenn eine Rechnung gestellt wird! Dies ist nicht hilfreich für die Gefahrenabwehr gerade bei großen Vegetationsbränden, weil immer wieder wesentliche Instrumente der Gefahrenabwehr aus Kostengründen nicht oder viel zu spät eingesetzt werden.

In vielen Bundesländern unterbleibt häufig die frühzeitige Alarmierung von Hubschraubern allein aus Angst, auf den Kosten sitzen zu bleiben. So geschehen z.B. 2011 in Blankenburg, Sachsen-Anhalt. Die örtliche Feuerwehr forderte nach einem Bericht der Mitteldeutschen Zeitung (Böhme, 2011) bei einem Waldbrand Hubschrauber an, diese drehten aber wieder ab (Polizei) bzw. starteten erst gar nicht (Bundeswehr), weil die dort geforderte schriftliche Kostenübernahmeerklärung nicht vorlag.

Daher muss sich jede Feuerwehr bzw. auch jeder Einsatzleiter hier über beides im Vorfeld genau informieren, um der Gemeinde teure Überraschungen zu ersparen.

Die Bundesländer sind darüber hinaus auch für die jeweiligen Landeswald- bzw. Forstgesetze zuständig, die mehr oder weniger detailliert

Abb. 6: Der Hubschraubereinsatz, insbesondere der von CH-53 (Bildvordergrund) bzw. mehreren Hubschraubern, ist sehr aufwendig und damit teuer (mehrfach fünfstellig je Flugstunde!). Die Kostenübernahme sollte daher im Vorfeld und grundsätzlich sauber und eindeutig geklärt sein.

auch z.B. Fragen des Vorbeugenden Waldbrandschutzes regeln. Wesentlich für den Einsatzerfolg sind hier v.a. das vorbeugende Anlegen von Schneisen oder Wundstreifen sowie Riegeln, anzulegen von den Waldbesitzern, zu kontrollieren bzw. zu überwachen von den (unteren) Forstbehörden). Im Detail beschrieben z.B. im Durchführungserlass zum Gemeinsamen Waldbrandrunderlass des Ministeriums für Landwirtschaft, Umwelt und Verbraucherschutz und des Innenministeriums vom 25. Juni 1999:

- Schutzstreifen:
  „Schutzstreifen sind ... mit Bäumen bestandene und von leicht brennbarem Material, wie Schlagreisig, Gestrüpp, Dürrholz, frei zu haltende Flächen. Die Freihaltung ist durch gezieltes Beräumen des v.g. Materials zu erreichen. Das dabei gewonnene Material ist entweder ins Waldinnere hinter den Wundstreifen zu bringen, bzw. nach Rücksprache mit der unteren Waldbehörde in nicht waldbrandgefährdeten Zeiten zu verbrennen.“
- Wundstreifen:
  „Wundstreifen sind ... von jedem brennbaren Material freizuhaltende und vom humosen Oberboden bis auf den Mineralboden befreite Flächen von über einen Meter Breite. Sie sind in einem Abstand bis zu 15 m vom Fuß des Bahnkörpers/Fahrbahnrandes[1] anzulegen und zu unterhalten. Dies geschieht i.d.R. durch Pflügen, Eggen oder Fräsen. Mulchen ist hier weniger geeignet, weil

[1] Sinngemäß gilt das dann in der Definition für Wundstreifen für andere zu schützende Objekte bzw. vor Auffangstellungen bzw. Widerstandslinien.

dabei zu viele organische Bestandteile an der Oberfläche verbleiben dürften. Im Laufe der Waldbrandsaison kann es zum Bewuchs der Wundstreifen und somit zur Notwendigkeit der Wiederholung kommen. Dies ist dann der Fall, wenn der Wundstreifen seiner Funktion, das Durchlaufen des Bodenfeuers zu verhindern, nicht mehr gerecht wird."

- Waldbrandriegel:
  „Ein Waldbrandriegel ist ... eine Fläche von mindestens 100 m Breite, deren Bestockung, Bodenflora und sonstige Oberflächenbeschaffenheit die Ausbreitung eines Bodenfeuers verhindert und dadurch die Bekämpfung von Waldbränden erleichtert. Zum Schutz größerer Waldflächen können mehrere Riegel zu einem System verbunden sein."

2.2 Polizeien der Bundesländer

In den meisten Bundesländern ist die Zuständigkeit der Polizei in den jeweiligen Polizeigesetzen auf dringende Fälle oder Sonderzuständigkeiten beschränkt, während die Ordnungsbehörden für die allgemeine Gefahrenabwehr zuständig sind (vgl. auch GADE, KIELER, 2008). Die Polizei in den Ländern leistet im Rahmen ihrer Möglichkeiten Amtshilfe für andere Behörden. Der Einsatz von Polizeihubschraubern zur Erkundung oder zum Personal- bzw. Material- oder Löschmitteltransport fällt ebenfalls unter den Begriff „Amtshilfe", da die Brandbekämpfung nicht Aufgabe der Polizei ist. Teilweise ist dies auch eindeutig in Erlassen der Bundesländer geregelt. Art. 35 (2) Satz 2 GG beschreibt, dass die Bundesländer zur Unterstützung Polizeikräfte anderer Länder für die Bewältigung von Naturkatastrophen oder besonders schweren Unglücksfällen anfordern können. Darüber hinaus ist in Art. 35 (3) GG geregelt, dass Polizeikräfte der Länder auf Weisung des Bundes bei Landesgrenzen überschreitenden Katastrophen anderen Ländern zur Verfügung zu stellen sind! Polizeieinheiten aus mehreren Bundesländern und der Bundespolizei löschten z.B. in Lübtheen im Sommer 2019 mit geschützten Wasserwerfern (WaWe10) auch im Bereich von Munitionsverdachtsflächen. Hinweis: Die Schutzwirkung der Wasserwerfer gegen Munition auf alten Truppenübungsplätzen und Schlachtfeldern ist unklar und muss noch näher überprüft werden (vgl. CIMOLINO, 2019).

Nach den Waldbrandjahren 2018 und 2019 ist zu erkennen, dass künftig immer mehr Länderpolizeien ihre Hubschrauber mit Außenlastmöglichkeiten ertüchtigen werden, in die Ausbildung der Besatzungen einsteigen und auch entsprechende Ausrüstung beschaffen werden. Bei Neubeschaffungen werden dazu auch leistungsfähigere Hubschrauber (z.B. statt der EC 135 den EC 145) beschafft, womit auch die Außenlastfähigkeiten besser werden. Dies bedeutet gleichzeitig, dass den Feuerwehren schneller und mehr Hubschrauber mit solchen Möglichkeiten zur Verfügung stehen werden. Sie müssen dann auch richtig eingesetzt werden (können).

Die Übertragung von Bild- und Videodaten von Hubschraubern und anderen Geräten (Quadrocoptern o.ä.) ist der Polizei technisch auf eigene Server bzw. in deren Leitstellen oder Stäbe seit einigen Jahren i.d.R. möglich. Die Weiterleitung dieser Daten an die Stäbe bzw. Leitstellen oder Führungsfahrzeuge der Feuerwehr ist technisch heute kein Problem mehr. Allerdings bestehen oft massive Bedenken aufgrund von Datenschutz- bzw. befürchteten Sicherheitsproblemen und teilweise nicht ausreichend ausgebauter Technik. Nur wenige Feuerwehren können daher tatsächlich im Bedarfsfall schnell auf solche Daten zurückgreifen.

2.3 Bundespolizei

Die Aufgaben der Bundespolizei sind im Bundespolizeigesetz, BPolG, vom 19.10.1994 geregelt. Die genauen Kriterien zur Anforderung sind in der Verwaltungsvorschrift über die Verwendung der Bundespolizei bei einer Naturkatastrophe oder bei einem besonders schweren Unglücksfall sowie zur Hilfe im Notfall (BPolKatHiVwV) beschrieben (Pinkenburg, 2013). Die Bundespolizei wurde und wird von der Bundesregierung mindestens seit 2013 auch im Ausland z.B. zur Brandbekämpfung aus der Luft eingesetzt (Cimolino, 2014).

Die Bundespolizei ist neben der Bundeswehr die einzige öffentliche Dienststelle, die überregional über eigene Hubschrauber verfügt. Daher sollte die operative und technische Zusammenarbeit z.B. im Rahmen der Amtshilfegrundsätze intensiviert werden.

Die Bundespolizei hält auch geschützte Wasserwerfer vor, vgl. dazu den Hinweis in Kap. 2.2!

2.4 Bundeswehr

Neben den aus den zahlreichen Reportagen z.B. zu den Waldbränden in Niedersachsen von 1975 bekannten Leistungen bei Vegetationsbränden wie

- Pioniere mit Pionier-, Berge- oder Minenräumpanzern (Schneisen schlagen, Behelfswege anlegen, Fahrzeuge bergen),

- Hubschrauber (Außenlasten, Löschwasser-Außenlastbehälter) und
- „Man-Power“ (Schneisen anlegen durch Handarbeit von Soldaten)

gibt es weitere Unterstützungsoptionen gerade bei flächigen Großschadenslagen oder Katastrophen, wie sie z.B. große Vegetationsbrände darstellen können:

- Kartenwerke des militärgeographischen Dienstes (MilGeo)
- Luftbilder (aus Archiven bzw. aktuell gefertigt)
- geschütztes Arbeitsgerät (z.B. „gepanzerte“ Traktoren aus dem Unterhalt von Truppenübungsplätzen)

Zivil-militärische Zusammenarbeit

Die Möglichkeiten der zivil-militärischen Zusammenarbeit (ZMZ) müssen in den Strukturen regional bekannt sein. In vielen Regionen hält die Bundeswehr dazu Reservisten als Kontaktpersonen bereit. Die Anmeldung eines qualifizierten Bedarfs (z.B. Hubschrauber, Löschwasser-Außenlastbehälter 1.000 L, 2.000 L (NH 90) bzw. 5.000 L (Letzteres nur mit CH 53), Pionierpanzer) muss auf dem Dienstweg erfolgen. Es ist aufgrund der unterschiedlichen Verteilung der Kräfte und deren Einsatzstärke nicht möglich, vorher festzulegen, woher dieser Bedarf gedeckt wird und wie lange es dauert, bis die Anforderung entschieden bzw. das Gerät vor Ort ist.

MilGeo-Unterlagen (Karten) können von den zur Hilfe herangezogenen Truppenteilen bzw. Dienststellen gestellt werden. Umfangreichere Unterlagen bzw. der Folgebedarf sind über das zuständige VBK anzumelden. Die Mitarbeiter des Militärgeographischen Dienstes nehmen ausschließlich Aufgaben in der unmittelbaren Geoinformationsberatung und fachlichen Unterstützung vor Ort wahr.

Luftbildaufklärung

Die Luftbildaufklärung (z.B. von Vegetationsbränden als Flächenlage) ist am Tag (Radar, UV, optisch, IR) sowie in der Nacht (Radar, IR) möglich, z.T. ist die direkte Bildübertragung noch aus der Luft zu militärischen Dienststellen möglich. Die Vorlaufzeiten betragen allerdings mehrere Stunden.

2.5 THW

Der Einsatz des THW zur Vegetationsbrandbekämpfung ist z.B. mit folgenden Einheiten bzw. Geräten möglich oder sinnvoll:

- Bergungsräumgeräte (Straßen-/Wegebau bzw. -unterhaltung/-reparatur, Schneisen)

- (Geländegängige) LKW mit Wasserbehälter für den (behelfsmäßigen) Wassertransport oder zusammen mit einer mobilen Pumpe (z.B. Tragkraftspritze) auch als Behelfs-TLF
- Wasserförderung über lange Wegestrecken (vgl. DE VRIES et. al., 2004)
- Personal zum Schlagen und Räumen von Schneisen oder die manuelle Brandbekämpfung (nach Einweisung und nur mit entsprechender PSA) mit Handwerkzeugen bzw. Kleinlöschgeräten.

Das THW arbeitet weiter an der Verbesserung seiner Fähigkeiten. Dazu gehört auch die Erkundung aus der Luft.

Abb. 7: LKW des THW werden schon lange beim Transport von Löschwasser mit eingesetzt (hier ein Foto von einer Gemeinschaftsübung FF/THW aus Niederbayern, 1993 bzw. aus einer Übung bei Osnabrück).

Abb. 8: Mit Bergungsräumgeräten bzw. Radladern des THW lassen sich nicht nur Wege bauen, sondern z.B. im Unterholz auch Schneisen anlegen.

Abb. 9: Ein Flächen-UAV wird für die Luftbilderstellung und Überwachung beim Hochwasser in Niedersachsen 2013 vorbereitet.

3 Auswertung des Ist-Zustandes und Problemdarstellung

3.1 Natürliche Umgebung

Die flächenbrandgefährdeten Gebiete unterscheiden sich in Deutschland in Topographie und Bewuchs i.d.R. sehr deutlich von denen Südeuropas und z.B. den USA oder Australien. Die Pflanzen im südeuropäischen Bereich entzünden sich leichter und brennen rasanter ab. Dies liegt an der Trockenheit des Holzes, dessen Harzgehalt, dem Klima (sehr trocken), der Topographie (steile Hänge) und den häufig starken Winden, die das Problem noch verschärfen.

Auch wenn die „Durchschnittsdarstellung" im europäischen Vergleich in Abb. 10 auf den ersten Blick relativ unproblematisch für weite Bereiche Deutschlands aussieht, kann die tagtäglich vom Deutschen Wetterdienst (DWD) erfasste Waldbrandgefahrenprognose ein ganz anderes Bild aufwerfen. So kommt es in trockenen Jahren oft wochenlang zu Waldbrandgefährdungsstufen 4 oder gar 5 in weiten Teilen Deutschlands. Dazu ist der Graslandgefahrenindex zu beachten, der neben den Feuern in Wäldern die Risiken z.B. auch für die Landwirtschaft (z.B. Getreidefelder!) oder Heideflächen angibt.

Es gibt insbesondere immer wieder große Brände im Bereich von Moor und Heideflächen, die über Tage oder gar Wochen bekämpft werden müssen. Mehrere sehr große Brände dieser Art, die tagelange Einsätze zahlreicher Feuerwehren aus verschiedenen Gemeinden und in mehreren Fällen sogar aus verschiedenen europäischen Staaten erforderten, waren nach teils wochenlanger Trockenheit schon mehrfach z.B. in Nordrhein-Westfalen oder Niedersachsen zu verzeichnen. Es sind die jeweils ungefähren Zeitangaben genannt, z.T. erfolgten noch längere Nachlöscharbeiten:

- 26.04. – 02.05.2011: im Hohen Venn, Grenzbereich Deutschland-Belgien und
- 04.05. – 10.05.2011: Truppenübungsplatz Senne
- 03.06. – 05.06.2011: im Grenzbereich Deutschland-Niederlande bei Gronau.
- 03.09. – Mitte Oktober 2018: Moorbrand nach wochenlanger Trockenheit und hohen Temperaturen auf der Wehrtechnischen Dienststelle (WTD) 91 bei Meppen vom 03. September bis Mitte Oktober.
- 20.04 – 24.04.2020: Heide- und Waldbrand im Meinweggebiet an der deutsch-niederländischen Grenze

Waldarten

Bei den reinen Waldarten in Deutschland unterscheidet man forstwirtschaftlich bzw. biologisch i.d.R. in

- Nadelwald (Kiefer, Fichte, Tanne, Lärche, u.a.)
- Laubwald (Buche, Eiche, Ahorn, Kastanie, Pappel, Birke u.a.) sowie
- Mischwald (Mischung aus Nadel- und Laubwald)

bzw. in

- Nutzwald oder
- geschützter (Ur-)Wald.

Nadelgehölze sind aufgrund der großen Oberfläche der Nadeln, deren hohen Harzgehalts und enthaltenen ätherischen Ölen sowie ihrer im Durchschnitt geringeren Dichte schneller zu entzünden und brennen rasanter ab als Laubwald. Zwar besteht seit Jahrzehnten der Anspruch, Wiederaufforstungen von Gehölzen v.a. mit Mischwäldern zu machen, allerdings ist das aufgrund der Böden nicht überall möglich.

Nutzwald hat i.d.R. eine relativ gute Erschließung mit befahrbaren Forststraßen und Einteilung in bestimmte definierte Flurflächen, oft durch unbefestigte Schneisen (in Bayern das sog. „Geräumt“) unterteilt, die oft auch gut kartographiert bzw. mit eigenen Flurnamen versehen sind und für die es heute i.d.R. auch spezialisiertes Kartenmaterial gibt, das z.B. in der Forstwirtschaft genutzt wird (vgl. Kap. 7.3.3). In den Gehölzen selbst gibt es oft ausreichend Bewegungsraum bzw. Abstand zwischen den Bäumen. Je nach Entnahme des Restholzes (Zweige, Äste, ggf. auch Rinde) gibt es mehr oder weniger Probleme mit Brennmaterial auf dem Boden bzw. potenziellen Feuerbrücken.

Abb. 10: Die praktisch unbegleitete „Entfichtung“ im Harz mit dem Ziel, einen natürlichen (Ur-)Wald entstehen zu lassen, führt zu sehr großen Problemen.

Naturbelassener (Ur-)Wald in den Naturschutzgebieten besteht bzw. soll wieder entstehen z.B. im Bayerischen Wald, der Wahner Heide bei Köln, im Harz oder im Hunsrück sowie im Schwarzwald. Er wird aus Naturschutzgründen oft in großen zusammenhängenden Flächen sich selbst überlassen. Es gibt dann im Verhältnis weit weniger befahrbare Wege, viele Hindernisse auf den verbliebenen Wegen (wie umgefallene alte Bäume) und zwischen den Bäumen. Es gibt daher u.U. auch viele potenzielle Feuerbrücken von Baum zu Baum sowie häufig viele abgestorbene Bäume durch Borkenkäferbefall.

Topografische Besonderheiten

Die Topographie und der Bewuchs in Deutschland unterscheiden sich nicht nur zu der in Südeuropa oder den USA, es gibt auch innerhalb Deutschlands erhebliche Unterschiede. V.a. die Böden bzw. der Untergrund (von sandig = lose bis hin zum Fels) und die Geländeverhältnisse (von „brett-eben“ bis steil) unterscheiden sich sehr stark. Lokal bzw. regional muss man sich daher auf die jeweiligen Besonderheiten einstellen. Dies kann dazu führen, dass sich unterschiedliche Einsatztaktiken und auch Ausrüstungsbesonderheiten bilden und manifestieren, die nicht unbedingt überall so nutzbar bzw. sinnvoll sind.

3.2 Einsatzzahlen

Die Bundesanstalt für Landwirtschaft und Ernährung (BLE) gibt seit Jahren die Waldbrandstatistik für die Vorjahre heraus.

Betrachtet man die Anzahl der Waldbrände von 1991 bis zum Jahr 2020, fallen insbesondere die Waldbrandjahre 1992 (3012), 2003 (2524) und 2019 (ca. 2.700) auf. 2018 hatte zwar einige herausragende Brände (wie z.B. das wochenlange Feuer auf dem militärischen Testgelände der WTD 91 in Meppen), aber „nur“ 1708 Brände.

Sowohl die Problematik großer (auch nur potenziell) betroffener Vegetationsflächen wie auch hohe Anzahlen an Vegetationsbränden fordern die Strukturen in der Vegetationsbrand-

- Vorbeugung
- Erkennung und
- Bekämpfung

in gleicher Weise. Viele kleinere Feuer müssen bei entsprechender Wetterlage oft parallel in einer Region gleichzeitig bekämpft werden. Das belastet die Einsatzkräfte in ähnlicher Weise wie große Brände. Sehr große Feuer (die ca. 100 ha überschreiten, vgl. Kap. 3.3) stechen hier natürlich heraus.

4 Verschiedene Formen der Vegetationsbrände

Vegetationsbrände sind in Deutschland nach den vorliegenden Einsatzerfahrungen der letzten Jahrzehnte i.d.R. keine Vollbrände, sondern Brände in Bodennähe oder auch im Boden. Trotzdem kommen auch in Deutschland immer wieder ausgedehntere Vollbrände vor.

Waldbrandformen

Es hat sich in den letzten Jahren gezeigt, dass eine zu genaue Beschreibung von Detailphänomenen dem „normalen" Feuerwehrangehörigen nicht hilft, sondern es eher abschreckt, sich mit den jeweiligen Themen näher zu beschäftigen. In der vertiefenden Fachliteratur gibt es dagegen oft eine genauere Unterscheidung der Phänomene und Besonderheiten. SÜDMERSEN beschreibt die Waldbrandformen 2008 daher eher kurz und direkt zusammen mit Hinweisen auf mögliche Bekämpfungstaktiken. Der nachfolgende Text orientiert sich daran und ist mit den neuen Erkenntnissen aktualisiert. Vorab ist die Beschreibung der charakteristischen Begriffe nötigt:

Geschwindigkeit: Ausbreitungsgeschwindigkeit des Feuersaums, (die (partielle) Ausbreitungsgeschwindigkeit des Brandes bzw. des Gefahrenbereichs kann weit größer sein, v.a. dann, wenn es sich z.B. um Ausbreitung durch ein windgetriebenes Flugfeuer handelt)

Flammenhöhe: Höhe der Flammenzunge bzw. -spitze senkrecht über Grund

Flammenlänge: Länge der Flammen (diese ist in der Regel größer als die Höhe!)

Flammensaum: Breite bzw. Tiefe der Basis, die in Flammen steht.

Für die sichere Brandbekämpfung ist in jedem Fall die Erkundung und Sicherung des Ankerpunktes (AP) wichtig, von dem aus dann der Angriff vorgetragen wird.

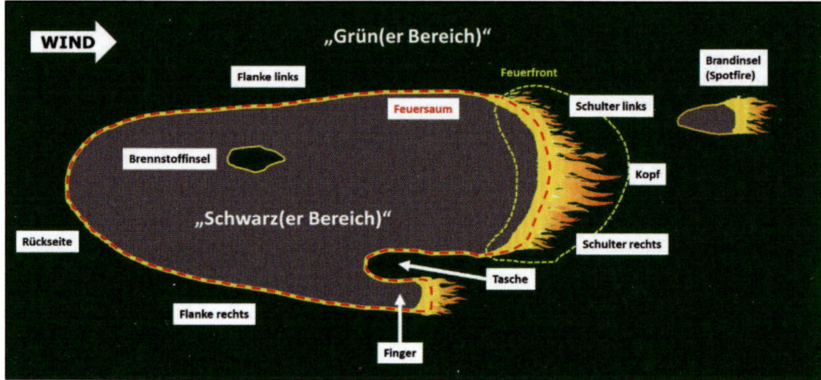

Abb. 11: Benennung der Brandstelle sowie Definition des Ankerpunktes. Der Feuersaum verläuft unter Umständen als deutlich sichtbare, brennende bzw. glimmende Linie um die gesamte Brandfläche.

4.1 Bodenbrände

Bodenbrände betreffen nur die bodennahe Vegetation und abgestorbenes Material (auch unter der sichtbaren Oberfläche).

Eigenschaften

Charakteristische Eigenschaften:

- Feuersaum: max. 1 – 2 m Breite
- Flammenlängen: i.d.R. bis 2 m – aber in Einzelfällen und bei Windeinfluss auch deutlich mehr, vgl. weiter unten in Kap. 4.1.1 und Abb. 17.
- Ausbreitungs- bzw. Laufgeschwindigkeit: max. 1.200 m/h, meistens jedoch deutlich unter 500 m/h (vgl. dazu König, 2007).

Bodenbrände lassen sich daher bevorzugt mit Handgeräten und D-Rohren bekämpfen. Schon der Einsatz von C-Rohren ist in den meisten Fällen überdimensioniert – gerade im Ersteinsatz.

Bodenbrände erzeugen i.d.R. weißen, ggf. auch leicht bräunlichen Rauch. Ausnahmen gelten, wenn z.B. Autos oder Gebäude oder gar alte bzw. illegale Mülldeponien mit in Brand geraten oder das Feuer an der Grenze zum Vollfeuer ist.

Niedrig hängende Äste und Totholz können allerdings als Feuerbrücken wirken und zu einem Vollbrand führen. Auf diese Feuerbrücken

Abb. 12: Bodenfeuer auf der Rückseite (talseitig) und zu den Flanken eines Waldbrandes im bergigen Gebiet.

Abb. 13: Rauchentwicklung eines Bodenfeuers

Abb. 14: Abgestorbene Vegetation (liegender ausgetrockneter Baum, Äste) fungiert als Feuerbrücke. Hier von einem Hang über einen Taleinschnitt zum nächsten Hang!

Abb. 15: Reste eines bei einem Flächenbrand (abgeerntetes Getreidefeld) größtenteils abgebrannten Löschfahrzeugs werden abgelöscht.

ist bei der Brandbekämpfung zu achten: Entweder sind sie zu entfernen oder sofort abzulöschen.

Bodenbrände sind bevorzugt mit leicht beweglichen und gut zu handhabenden D- und C-Hohlstrahlrohren und/oder Handgeräten zu bekämpfen! Die Verwendung von B-Rohren oder Wasserwerfern bindet in der Regel zu viele Ressourcen und ist wenig löscheffektiv. Selbst kleinere Bodenfeuer können das Einsatzpersonal durch Funkenflug oder unterschätzte Flammenlängen verletzen. Gerade moderne Fahrzeuge reagieren empfindlich auf Hitze oder Glut. Ein kleines Loch in der Druckluftleitung aus Kunststoff kann zum Totalverlust führen.

Abb. 16: Auch moderne Traktoren sind empfindlich gegen Feuer und Glut, sie dürfen daher ohne entsprechende technische Zusatzausrüstung nicht in deren unmittelbaren Einwirkbereich eingesetzt werden.

Abb. 17: Flächenbrände können Flammenlängen von weit über 2 m entwickeln! Die Flammenlänge im Bild beträgt ca. ca. 6 – 7 m.

4.1.1 Flächenbrände

Flächenbrände in Gras oder Schilf, über Moor und Heideflächen sowie v.a. Getreidefeldern sind Formen der Bodenbrände. Sie unterscheiden sich von diesen durch eine weit größere Ausdehnung und häufig auch viel größere Ausbreitungsgeschwindigkeiten und Flammenlängen. Die große Oberfläche und der oft geringe Feuchtigkeitsgehalt dieser Vegetation sorgt dafür, dass insbesondere windgetriebene Feuer (noch dazu hangaufwärts) relativ große Geschwindigkeiten erreichen können. Dies führt immer wieder zu Unfällen (z.B. Goslar-Oker 1982 und Hamburg 1992 je mit Fahrzeugverlust, Kroatien 2007 mit 12 getöteten FA; Oschatz und Sülzetal je 2008 mit Fahrzeugverlust und teilweise verletzten FA), weil Einsatzkräfte die Gefahren unterschätzten oder ihnen aufgrund der Geschwindigkeit der Ausbreitung eine Flucht gar nicht mehr möglich war.

Eigenschaften

Charakteristische Eigenschaften:

- Feuersaum: ca. 1 – 5 m Breite (mit Unterholz bzw. Buschwerk oder brennbaren Böden, z.B. Torf, ggf. deutlich mehr!)
- Flammenlängen: häufig bis ca. 2 m Höhe (bei hoher Brandlast z.B. trockenes Getreidefeld oder mit Unterholz bzw. Buschwerk allerdings nach Auswertung entgegen bisheriger Schilderungen ggf. deutlich mehr und bis nahe 10 m!)

Abb. 18: Besondere Gefährdung durch mehrere Meter lange Flammen(zungen) und Rauch bei einem Angriff gegen den Wind.

- Ausbreitungs- bzw. Laufgeschwindigkeit: max. 1.200 m/h, meistens jedoch deutlich unter 500 m/h (vgl. König, 2007).

Ein Angriff mit Handwerkzeugen auf Flammenhöhen über ca. 1,0 m – das ist ca. hüfthoch – ist für normales Einsatzpersonal nicht sinnvoll und **v.a. zu gefährlich** (vgl. Rockholtz, 2011).

Empfehlungen

Neben der strikten Beachtung der Sicherheitsregeln (vgl. Kap. 7) können daher folgende Empfehlungen gegeben werden:

- Der frontale Angriff auf die Feuerfront gegen den Wind mittels abgesessener Löschmannschaften ist zu unterlassen!
- Ein Angriff auf die Feuerfront mit geeigneten Löschfahrzeugen (z.T. TLF-Waldbrand) ist möglich, aber gefährlich. Schnelle Brandausbreitung und Rauch gefährden die Fahrzeugbesatzungen. Wird ein Angriff auf die Feuerfront durchgeführt, ist auf die ausreichende Befahrbarkeit der Wege zu achten und möglichst rückwärts anzufahren, um nach „vorn“ ggf. schnell flüchten zu können (außer man kann im Bogen nach vorn wegfahren). Die ausreichende Löschwasserversorgung (bzw. Pendelverkehr) muss von Anfang an gewährleistet sein!

Abb. 19: Drehender und böiger Wind ändert die Richtung des zunächst relativ harmlos erscheinenden Feuers. Es wird weiter angefacht und bedroht ein Löschfahrzeug.

- Die Flanken sind durch Löschfahrzeuge und -mannschaften ausgehend vom Ankerpunkt direkt an der Grenze zwischen dem verbrannten („schwarzen“) und unverbrannten („grünen“) Bereich anzugreifen. Das Überfahren des Brandbereiches ist für die meisten Fahrzeuge zu gefährlich (Flammen-/Hitzeschäden). „Keep one foot in the black“ gilt in den USA als Sicherheitsregel – sinngemäß muss es jederzeit eine sichere Fluchtmöglichkeit geben, der bereits abgebrannte Bereich gilt (i.d.R.) als sicher.

Abb. 20: Bodenfeuer können eine aktive Feuerfront von mehreren Kilometern bilden. Kommt Wind hinzu, können je nach Vegetation und Windstärke bzw. Topographie weitere gefährliche Effekte wie Feuerinseln (in Windrichtung vor der Feuerfront) oder Flugfeuer (mitgerissene brennende Gase bzw. Glut) entstehen.

- Natürliche Auffanglinien („grüne“ Wiese, abgeernteter Bereich, Laubwald) nutzen oder durch Landwirt anlegen lassen (Pflug, Bodenfräse o.ä.), dort Feuer ggf. kontrolliert auslaufen lassen.

4.1.2 Brände im Boden

Je nach Bodenbestandteilen kann sich ein Brand auch direkt oder über Wurzelwerk in den Boden fressen – oder sich auch unter bestimmten Bedingungen im Boden selbst entzünden und dann nach oben durchbrechen.

Eigenschaften

Charakteristische Eigenschaften:

- Feuersaum: oberflächlich nicht zwingend zu erkennen
- Flammenlängen: oft gar keine Flammen, z.T. Glutbildung im Boden, sich auch unterirdisch ausbreitend, aber auch Glut an der Oberfläche, wenn Übergang zum Flächenbrand, dann wie dort beschrieben
- Ausbreitungs- bzw. Laufgeschwindigkeit: im Boden sehr gering, wenige Meter je Stunde, allerdings auch noch nach Tagen oder Wochen – in Extremfällen (z.B. Kohlebrände) sogar nach Monaten – ist ein Austritt auch an ganz anderen Stellen möglich.

Brennen können hier z.B.

- organische Reste (z.B. große „Komposthaufen“ auch aus geschreddertem Material)

Abb. 21: Brände im Boden sind aufwendig zu bekämpfen. Auch wenn oberflächlich oft kaum direkt Feuererscheinungen zu erkennen sind, kann das Feuer bei nachlassender Brandbekämpfung und zunehmendem Wind schnell wieder aufflammen. Hier ein Moorbrand in Landkreis Cloppenburg.

Abb. 22: Sehr gefährlich sind Bodenfeuer, wenn sie das Wurzelwerk soweit angegriffen haben, dass die Bäume den Halt verlieren und unkontrolliert fallen können. Im Gegensatz zu einem Windbruch fallen die Bäume hier in unterschiedliche Richtungen um.

Abb. 23: Das Feuer ist vermeintlich aus. Viele Wurzelstöcke rauchen aber immer noch deutlich und teilweise ist ein Glimmen oder sogar offene Flamme zu erkennen.

Abb. 24: Bodenbrände in Torfgebieten können großflächige Rauchwolken verursachen. Beim Brand auf der WTD 91 in Meppen im Jahr 2018 zog der Rauch über mehr als 130 km bis nach Bremen. Der Einsatz von Atemfiltern an den Einsatzkräften war im direkten Einsatzgebiet notwendig.

- Torf (Heide, trockene Moorflächen)
- Kohleschichten
- Geflechtwurzeln in sandigen Böden
- Hackschnitzelflächen

Fressen sich Brände erst in tiefere Schichten vor (z.B. oberflächennahe Kohleflöze, vgl. WÜNDRICH (2012), aber auch Torf- bzw. Moorgebiete, vgl. Brand auf der WTD 91 im Jahr 2018 oder in den Niederlanden im Meinweggebiet im April 2020), ist eine Brandbekämpfung nur noch sehr schwer möglich. Haben sie sich erst dort festgesetzt, können sie tage-, wochen- oder sogar jahrelang brennen! Ein Durchbrechen des Feuers zur Oberfläche kann durch Wandern des unterirdischen Brandes auch an anderen Stellen wieder erfolgen (ACHILLES, 1976).

4.2 Vollbrände

Vollbrände entstehen fast immer aus Bodenbränden. Nur bei Außeneinwirkung, wie

- Vollbrand eines Gebäudes, Übergriff auf benachbarten Baum bzw. Bäume, nach Flugzeugabsturz, Brand einer Maschine, Fahrzeugs oder
- bei kriegerischen oder terroristischen Handlungen durch Beschuss oder massiver Brandstiftung

Abb. 25: Vollbrand mit langen Flammenzungen bzw. Feuerwirbeln im Bergwald. Thermik und Wind treiben das Feuer hangaufwärts. Bergwärts von den Flammen wegflüchten ist wegen der Geschwindigkeit bzw. Geländesituation unmöglich!

- Einwirkung einer Zündquelle (z.B. Blitzschlag, (Zigaretten-)Glut) auf einen Baum im Steilhang,

ist eine direkte Entwicklung in den Kronen von Bäumen möglich. Das Feuer erfasst dabei vom Boden aus über kleinere Bäume, tiefe Äste, oder Feuerbrücken (z.B. Bruchholz) die Baumkronen.

Der hohe Sauerstoffverbrauch eines Vollbrandes führt zu einem starken Luftzug am Boden. Dies kann im Extremfall zum Effekt eines Feuersturms führen! Durch starke Verrauchung kann die eigentliche Feuerfront schlecht zu lokalisieren sein.

Feuerwirbel ändern Länge, Richtung und Intensität! Im Bild ist ein richtiger Knick im Wirbel zu erkennen. Dies macht es nahezu unmöglich, ihr Verhalten vorher richtig einzuschätzen. Die Annäherung an oder der Verbleib in der Nähe eines solchen Wirbels ist gefährlich!

Eigenschaften

Charakteristische Eigenschaften:

- Feuersaum: i.d.R. mehr als 10 m bis zu 50 oder mehr Meter
- Flammenhöhen: je nach Baumbestand und Thermik v.a. am Hang bis weit über 50 m

Abb. 26: Alter Windbruch (kahle Äste) mit viel kreuz und quer liegendem Holz, schlechter Zugänglichkeit und vielen Feuerbrücken. Hier ist zwar das Vollholz bereits teilweise eingeschlagen und geräumt, aber am Boden liegt noch mehr als genug trockenes Astwerk und ganze Stämme – auch im Grenzbereich zum stehenden Wald. Die „Wege“ bzw. Fahrspuren der Holzerntemaschinen, Traktoren o.ä. sind selbst mit Allradfahrzeugen der Feuerwehr kaum befahrbar.

- Flammenlängen: Bartels (1975) bzw. (1976), beschreibt aus den Bränden in Niedersachsen von 1975 Flammenlängen von mehreren hundert Metern. Es darf aber vermutet werden, dass hier eher mitgerissene Brandgase und brennbare organische Bestandteile im Flammenweg für die Verlängerung gesorgt haben.
- Geräuschentwicklung: Die Geräuschentwicklung eines voll entwickelten Brandes ist erheblich und v.a. für unerfahrene Einsatzkräfte beängstigend! Selbst eine Kommunikation über Funk kann unmöglich werden. Die Signalpfeife ist dann das einzig geeignete Mittel.
- Flugfeuer bzw. Funkenflug: Ebenfalls von Bartels (1975) bzw. (1976) mit „mehrere hundert Meter" beschrieben, sind dagegen mehrfach beschrieben. Aus Frankreich sind durch star-

Abb. 27: Vollbrand eines trockenen Nadelholzbestandes an einem Hang im April 2020, deutlich ist das windgetriebene Feuer mit den langen Flammenzungen und den mitgerissenen glühenden Partikeln zu sehen.

ken Wind Spotfeuer bis 900 m vor der eigentlichen Feuerfront bekannt.

- Ausbreitungs- bzw. Lauf: Wird in bisherigen Literaturstellen i.d.R. mit „max. 1.800 m/h, meistens jedoch deutlich unter 500 m/h" angegeben, die Quellen beziehen sich hierbei v.a. auf König (2007) bzw. Liebeneiner (1982). Es gibt aber abgesehen von der Problematik, dass das Feuer sich hang- bzw. bergauf schon deutlich schneller bewegen kann, auch Hinweise aus der Praxis, die erheblich größere Ausbreitungsgeschwindigkeiten belegen. Kranz (2012) gibt u.a. aus Gesprächen mit älteren ehemaligen Einsatzkräften Geschwindigkeiten von „ca. 7 km/h" an; diese Geschwindigkeit findet sich auch im Merkblatt Waldbrand der Staatlichen Feuerwehrschule Würzburg von 2003. Der Spiegel schreibt in seiner Auswertung „Unsere Feuer machen wir selber aus" von bis zu 15 km/h bei Lüchow-Dannenberg, bei bis zu 40 m hohen Flammenwänden. Kranz (2012) beschreibt außerdem aus Originalartikeln der Celle'schen Zeitung zu einem Feuer vom 18.10.1959 bei Hambühren (4.800 ha Fläche, Starkwinde mit teilweise Weststurm) eine Geschwindigkeit von „400 m in 2 min" = 12 km/h.

Ausbreitungsgeschwindigkeiten von 10 – 15 km/h sind zu viel, um als Einsatzkräfte selbst auf ebener Fläche aber im unbefestigten Wald nicht mehr „mal eben" weglaufen zu können. Selbst das Wegfahren kann zum Problem werden, wenn man das Fahrzeug erst noch wenden und sich danach seinen Weg erst noch suchen muss!

Bei Vollbränden können weitreichender Funkenflug und auch Flugfeuer über mehrere hundert Meter in Windrichtung Sekundärbrände (auch als Spotfeuer bezeichnet) am Boden (→ Bodenbrände) oder auch direkt in den Kronen (→ Vollbrände) verursachen. Diese Sekundärbrände werden sich ohne Gegenmaßnahmen früher oder später mit dem nachlaufenden Hauptfeuer vereinigen. Dies kann dazu führen, dass Einsatzkräfte eingekesselt werden können.

Abb. 28: Es gibt auch (seltene) Fälle von komplexen Vollbränden einzelner oder weniger Stämme in relativ freier Umgebung. Die Ursachen dafür sind meist Blitzschlag, aber auch weggeworfene Zigaretten oder Glutreste. Die Einsatzbewältigung war materiell und körperlich im felsigen Steilgelände sehr anspruchsvoll und hat mehrere Stunden gedauert. Hier gilt es immer, die weitere Ausbreitung möglichst schnell wirksam zu unterbinden.

5 Einsatzerfahrungen in Deutschland

Vielen Einsatzkräften sind – neben den i.d.R. wenigen eigenen Erfahrungen bzw. den oft wiederholten, im Nachhinein oft „verbrämten" Schilderungen der Erlebnisse von Kameraden der eigenen oder umliegenden Feuerwehren – nur die folgenden Einsätze bei Vegetationsbränden aus Deutschland oberflächlich bekannt:

- Niedersachsen (Kreis Celle), 1975 (2 schwer verletzte und 5 tote Feuerwehrangehörige durch Brandeinwirkung)
- Sachsen (Weißwasser), 1992
- Bayern (Thumsee), 2007 (und 2013)
- Niedersachsen (Meppen), wochenlanger Moorbrand in der WTD 91, 2018
- Mecklenburg-Vorpommern (Lübtheen), mehrtägiger Vollbrand in munitionsbelastetem Gebiet, 2019

Nur wenige Interessierte wissen, dass es darüber hinaus eine Vielzahl von Vegetationsbränden größeren Umfangs mit einer oft mehrtägigen Einsatzdauer gibt. Nur für einen Teil dieser Einsätze gibt es überhaupt Einsatzberichte, die über die Dokumentation von Ort, Zeit und Einsatzkräften hinausgehen. Selbst bei diesen rudimentären Angaben gibt es große Abweichungen in den Details.

5.1 Einsatzbezogene Erfahrungen aus Vegetationsbränden

5.1.1 Waldbauliche bzw. waldbesitzerbezogene Vorbereitung bzw. Vorbeugung

Einsatzberichte

In vielen Einsatzberichten und -auswertungen wird berichtet, dass die vorgefundene „kalte“ Lage die Brandentstehung und Ausbreitung begünstigt hat. Dies betrifft u.a.:

- Das Feuer begünstigende Bewuchsart (Nadelholzmonokulturen entzünden sich schneller und brennen intensiver als Misch- oder Laubwald).
- Die mangelnde Bestandspflege, v.a. die fehlende Beräumung von Totholz und die fehlenden bzw. mangelnde Unterhaltung der Schneisen.
- Das Fehlen bzw. die fehlende Eignung der Wege für schwere Fahrzeuge.
- Nicht vorbereitete bzw. schlecht oder gar nicht (mehr) zugängliche bzw. unterhaltene und damit auch nicht mehr (voll) funktionsfähige Löschwasserentnahmestellen im potenziellen Schadensgebiet.
- Fehlende personelle Ausstattung der Forste mit fachkundigem Personal.
- Fehlende bzw. mangelnde Maßnahmen zur Brandfrüherkennung (von besetzten Feuerwachtürmen, über Flugdienst bis hin zu automatisierten Maßnahmen wie Firewatch).

Abb. 29: Saugstellen an vergrabenen Löschwasserbehältern (LWB) sind wertvolle Hilfen für die Feuerwehr. Die Behälter müssen gut auffindbar, also ausgeschildert und in Karten (vgl. Kap. 5.1.2) vermerkt sein. Die Zufahrten und Entnahmestellen müssen gepflegt werden, damit sie nutzbar sind. Es gibt aber leider viele inoffizielle Berichte von Einsatzkräften, in denen der Verfall von Wegen und Löscheinrichtungen beklagt wird.

Abb. 30: Versperrte Wege durch Felsbrocken oder Falschparker verhindern das schnelle Eingreifen der Feuerwehren.

Abb. 31: Zufahrten müssen gekennzeichnet und mit Werkzeugen der Feuerwehr öffenbar sein.

5.1.2 (Feuerwehr-)Einsatzvorbereitung bzw. -vorbeugung

In vielen der ausgewerteten Einsatzberichte werden auch Punkte aufgezählt, die mit oder sogar speziell im Aufgabengebiet der Feuerwehr liegen und die beim Fehlen ebenfalls die Ausbreitung begünstigen. Dies betrifft u.a.

- Vorhandensein und Aktualität von ausreichend vielen Waldbrand-(Einsatz-) karten (behelfsmäßig ggf. auch Wanderkarten) sowie ggf. Anmarschkarten für überregionale Kräfte, die Einbindung von Unfallhilfs-/Rettungspunkten der Forstbehörden und Waldbesitzer – sogenannte „Rettungskette Forst“, oder andere bekannte und eingeführte Orientierungspunkte (vgl. Abb. 32) erleichtern die zielgenaue Alarmierung, die Navigation zum Einsatzort und Orientierung bzw. Rückmeldung aus großflächigen Waldgebieten, dafür sollten diese Punkte auch im Einsatzleitrechner versorgt sein,
- vorbereitete, zugängliche und funktionsfähige Löschwasserentnahmestellen im potenziellen Schadensgebiet (dem Bedarf der Feuerwehr angemessen, d.h. die Feuerwehr muss diesen auch kommunizieren, für die Errichtung derselben ist sie aber nicht zuständig!),
- ausreichend schnell greifbare und deshalb vorzubereitende forstwirtschaftliche Unterstützung (vom Sachverstand der Förster bis hin zu Forstarbeitsgeräten mit deren Besatzungen),
- geeignete Aus- und Fortbildung,
- Ausstattung mit geeigneten Geräten (von der Hacke bis zum Waldbrand-TLF).

Abb. 32: Eine einfache, aber sehr wirkungsvolle Methode zur schnellen Ortung im Gelände. Auf den ausgedehnten Wald- und Wanderwegen hat eine Kommune mit Hilfe von Sponsoren auf Rastbänken Hinweisschilder mit Nummernangabe angebracht, die bei der zuständigen Polizeidienststelle (am besten natürlich auch in der Feuerwehr-/Rettungsdienstleitstelle!) in einer Karte bzw. direkt im Einsatzleitrechner bekannt sind.

5.1.3 Führung

Wie auch aus Erfahrungen mit anderen Großeinsätzen bekannt geworden ist, hat sich daran seit 1975 (vgl. Achilles, 1976; Bartels, 1975 und 1976 und Ebert u. Raab, 1976) leider nicht viel geändert. Cimolino (2003) hat dies für die vfdb am Beispiel der Erfahrungen u.a. aus dem Elbehochwasser 2002 ausführlich ausgewertet und beschrieben. Die Probleme betreffen u.a.

- fehlende oder parallele oder unklare Führungsstrukturen,
- zu spätes „Hochfahren“ von Führungsstrukturen,
- mangelnde bzw. (technisch) inkompatible Kommunikationsorganisation, vgl. Kap. 5.1.3.
- zu wenig Erfahrung in der Führung längerer Einsätze mit mehreren hundert oder tausend beteiligten Einsatzkräften (unterschiedlicher Organisationen),
- beim Einsatz überregionaler Einheiten: Überschätzen der eigenen Möglichkeiten und Fähigkeiten auch in Bezug auf die Ausdauer bzw. Durchhaltefähigkeit, bei gleichzeitiger Unterschätzung der Problematik der (ggf. regional sehr unterschiedlichen) Lage „Vegetationsbrand“,
- schlechte Einbindung anderer Organisationen bzw. Fachleute (vgl. Kap. 7.3),
- Unterschätzen der Dynamik bei Witterungsänderungen,
- fehlende Absicherung der Einsatzstelle und deren Räume (Versorgungsraum, Bereitstellungsraum) sowie Zufahrten,
- falsche Standortauswahl der Einsatzleitung gefährdet deren Funktion (z.B. zu nah am Bereitstellungsraum oder am Gefahrenbereich), das u.U. zu einer zwangsweisen Verlegung und damit zur Führungsunterbrechung führt.

5.1.4 Kommunikation

Während 1975 bzw. 1976 häufig noch (geeignete) Funkgeräte bei den Einheiten der Feuerwehren bzw. des Katastrophenschutzes fehlten, mangelt es seit der flächendeckenden Ausrüstung der Einheiten mit ausreichend vielen Funkgeräten eher an der Organisation der Kommunikation insgesamt (vgl. Cimolino et al. 2008 und Cimolino 2003). Massive Probleme gab es in den letzten Jahren gerade in grenznahen bzw. dünn besiedelten Gebieten.

Kommunikationsfehler

Häufig wird gar nicht oder zu spät versucht, die Kommunikation zu strukturieren. Es fehlt an der sinnvollen Aufteilung der Kommunikationsbedarfe auf die zur Verfügung stehenden Techniken (z.B. Telefon,

Abb. 33: Dachkennzeichnung zur Ansprache der Einsatzfahrzeuge aus der Luft. Sie zeigt nach DIN 14035 das KFZ-Kennzeichen. Dies muss auch im Fahrzeug bekannt sein, weil sonst die Einsatzkräfte darin ggf. nicht wissen, dass sie gemeint sind.

Fax, Datenübertragung, Sprechfunk in verschiedenen Kanälen (Analogfunk im 2m- bzw. 4m-Band) bzw. Gruppen (Digitalfunk im Direkt- bzw. Netzbetrieb) usw.). Unzureichende Kommunikationsmittel sowie die grundsätzlich oft mangelhafte Kommunikation (in Menge und Art der Meldungen, die weitergegeben bzw. dokumentiert werden) machen Führung schwierig oder gar unmöglich. Schwierigkeiten treten u.a. auf

- in der fehlenden Zahl geeigneter Funkgeräte und sonstiger Kommunikationsmittel (tragbar, fahrzeuggebunden),
- mangelnde Ausbildung in deren Bedienung,
- fehlende bzw. zu schlecht ausgebildete Führungskräfte bzw. -gehilfen,
- keine (z.B. abschnitts- bzw. aufgabenorientierte) Organisation der Kommunikation und dort v.a. auch nicht des Sprechfunkverkehrs (vgl. Cimolino et al., 2008 bzw. Graeger et al, 2009),
- unterschiedliche „Sprache“ in der Anwendung über in den Ländern verschiedenste Regelungen für Funkrufnamen.
- fehlende Möglichkeit, die Fahrzeuge aus der Luft erkennen und eindeutig ansprechen zu können[1].

5.1.5 Einsatzkräfte

Fehlende Erfahrungen

Den meisten Einsatzkräften fehlen ausreichende Erfahrungen in der Bekämpfung großer bzw. komplexer Vegetationsbrände. Sie unter-

[1] Die KFZ-Kennzeichen auf den Fahrzeugdächern wurden explizit nach den Erfahrungen aus den Bränden von 1975 bundesweit mit der DIN 14035-1981:11 vereinheitlicht, vgl. auch CimolinoO/Zawadke, 2005. Es werden aber z.T. immer noch die Funkrufnamen auf die Dächer geschrieben. Diese unterscheiden sich aber von Bundesland zu Bundesland, oder sogar innerhalb eines Bundeslandes bzw. von Organisation zu Organisation, außerdem sind sie für das Dach zu lang, um eindeutig beschrieben zu werden. Außerdem kommt es beim überregionalen Einsatz dafür zusammengestellter Verbände oft zum Wechsel des Funkrufnamens an jedem Fahrzeug, In NRW erhält das Fahrzeug dann einen speziellen verbandsbezogenen Rufnamen.

schätzen häufig die Dimensionen, die Gefährdungen und die Dynamik und Dauer solcher Lagen und überschätzen die eigenen Fähig- bzw. Möglichkeiten. Dies wird dadurch verschlimmert, dass es i.d.R. keine echte Ausbildung in der richtigen Handhabung der Werkzeuge (von der Feuerpatsche über den Umgang mit Schlauchleitungen und Strahlrohr bis zum Wasserwerfer) sowie überhaupt in diesem Einsatzfall gibt (ROCKHOLTZ, 2011). Dies gilt auch für die Auswahl und Anwendung der situativ notwendigen Persönlichen Schutzausrüstung, vgl. Kap. 6.1. Außerdem wird durch fehlende Erfahrung gerne beim Einsatz von Löschmitteln, Strahlrohren bzw. Einsatzfahrzeugen eher überdimensioniert. Dies führt i.d.R. umgehend zu einem zu hohen und ineffektiven Löschmittelverbrauch[1] und damit zu noch größeren Problemen im Bedarf an Einsatzmitteln und -kräften.

Abb. 34: Ein Fahrgestellhersteller, aber unterschiedlichste Fahrgestellkonzepte und Fahrzeugdimensionen geländegängiger Fahrzeuge – und ihr Vergleich, vgl. auch Kap. 5.1.6 und 6.3 sowie CIMOLINO (2010).

Vielen Einsatzkräften fehlt die Erfahrung im Fahren von (schweren) Einsatzfahrzeugen. Selbst auf Straßen werden die Fahrzeuge je Fahrer im Schnitt deutlich weniger als 100 km/a bewegt, im Gelände kommen die meisten auf „0“ m „ErFAHRung“. Für das bedarfs- bzw. ergebnisorientierte (sicher und hinreichend schnell) Ankommen mit Einsatzfahrzeugen ist aber eine ausreichende Ausbildung – ggf. auch im Gelände – erforderlich. In der Folge fehlt dann nicht nur die Ausbildung im Fahren, sondern auch im Bewerten und Beschaffen dieser Technik. Nur wenige haben dazu die Möglichkeiten, Vergleiche zu „fahren“ und damit ausreichende eigene Kenntnisse in der Bewertung bzw. technischen Vorgabe (z.B. für Leistungsbeschreibungen) zu haben.

[1] Ein TLF ohne Wasser ist als Löschfahrzeug i.d.R. kaum mehr wert als ein TSF...

5.1.6 Technik

Abb. 35: Geländegängige TLF 8-W“ auf Unimog 1300 wurden v.a. in Niedersachsen von Ende der 1970er bis in die 1980er beschafft, werden altersbedingt immer seltener. Nur wenige davon wurden über ein Refurbishment komplett überholt, die meisten durch völlig andere – meist viel größere und viel weniger im Gelände geeignete – Fahrzeuge ersetzt.

Eine der wesentlichen Lehren aus den großen Bränden von 1975 und 1992 ist die Notwendigkeit nach ausreichend vielen, hinreichend schnell verfügbaren, geländefähigen bzw. -gängigen Einsatzfahrzeugen, die für die jeweiligen topographischen Verhältnisse geeignet sein müssen. In beiden Einsätzen haben sich immer wieder nicht geländegängige Fahrzeuge festgefahren. Dies führt zu folgenden Problemen:

- Der Einsatzauftrag des Fahrzeugs, der Einheit oder sogar ganzer Verbände (z.B. zur Wasserförderung oder -transport) kann nicht (schnell genug) erfüllt werden, weil der Einsatzort gar nicht erreicht werden kann, da bei schmalen Wegen ggf. ein Fahrzeug ausreicht, um diesen dauerhaft zu blockieren.
- Festgefahrene Fahrzeuge binden häufig weitere Fahrzeuge und Personal, um diese zu bergen bzw. ggf. auch zu reparieren.
- Führungskräften fehlt die Erfahrung im richtigen Umgang mit der Technik in größerem Maßstab. (Nur mit Kettenfahrzeugen befahrbare Wege können i.d.R. durch Radfahrzeuge auch nicht befahren werden, außer die sind entsprechend geländegängig, d.h. mindestens Single-Allrad, Reifendruckregelung, etc. (vgl. CIMOLINO u. ZAWADKE et al., 2006 und 2005).

Fahrzeugeignung

Sofern Fahrzeuge im Gelände eingesetzt werden, besteht bei modernen Fahrzeugen eine im Vergleich zu früheren Jahren noch größere Gefahr, dass wichtige Leitungen (Elektrik, Druckluft (Bremse!), Betriebsstoffe) beschädigt werden – und so zum Ausfall von Kompo-

Abb. 36: Ersatzfahrzeuge für TLF 8-W (o.ä.) auf Basis genormter TLF, StLF (MLF) bzw. (H)LF 20 erfüllen immer öfter nicht die nötigen Anforderungen für den Einsatz in schwerem Gelände, weil sie dafür zu groß, zu schwer bzw. ungeeignet bereift sind bzw. eine zu geringe Bodenfreiheit haben. Hier zwei völlig verschiedene Bauausführungen, die für „TLF“ möglich sind.

Abb. 37: Vermutlich eine beschädigte Druckluftleitung führte 2008 zum Totalverlust des Fahrzeugs.

nenten, oder kompletten Stillstand des Fahrzeugs führen. Dies kann beim Überfahren von Flammen, Glutnestern durch direkte Einwirkung von Flammen, Hitze oder auch durch hochgeschleuderte glühende oder brennende Teile, die im Rahmenbereich liegen bleiben, verursacht werden. Ausführliche Beschreibungen zu den technischen Hintergründen sind in CIMOLINO u. ZAWADKE et al. (2006) und (2005) zu finden.

Ebenfalls bei neueren Fahrgestellen steigen die Brandgefahren **durch** das Fahrzeug, z.B. durch

- heiße Abgasanlagen (Katalysatoren bei Otto- bzw. Abgasnachbehandlung bei Dieselmotoren),
- Ansammlung von glimmenden Partikeln im Luftfilter (heute meist Papierluftfilter, keine Öl- oder Wasserbadfilter mehr) oder an versteckten Stellen im Motorraum mit brennbaren Bauteilen.

Bei der grundsätzlichen Eignung von Fahrgestellen (Allradantrieb) spielen viele Faktoren, wie z.B. Bodenfreiheit, Rampen- und Überhangwinkel und die Bereifung eine große Rolle. Wie groß diese im jeweiligen Einsatz ist, hängt von den konkreten lokalen Gegebenheiten ab, also v.a.

- von Straßen bzw. befestigten Wegen – inkl. notwendiger Wende- und Aufstellplätze (z.B. der Forstwirtschaft), die mit Fahrzeugen mit Straßenantrieb (auch größeren LKW wie z.B. dreiachsigen WLF) noch sicher befahren werden können.
- abseits der befestigten Wege nutzbare Behelfswege der Land- bzw. Forstwirtschaft, die mit mindestens geländefähigen Fahrzeugen noch ausreichend sicher befahren werden können.
- Routen im Gelände, die mit den vorhandenen geländefähigen oder besser geländegängigen Fahrzeugen noch befahren werden können.
- Beschaffenheit des Bodens (Tragfähigkeit, Art – kann z.B. die sinnvolle bzw. notwendige Bereifung beeinflussen).
- u.U. auch noch die Watfähigkeit, falls Wasser(-läufe) durchwatet werden müssen.

Abb. 38: Reifen mit Eignung v.a. für Straßen oder befestigte (Feld-) Wege haben eine andere Profilierung und schmieren i.d.R. im echten Gelände schnell zu.

Geländegängige Führungs- und Erkundungs- bzw. Lotsenfahrzeuge werden nur bei wenigen Feuerwehren vorgehalten. Frühere Fahrzeuge des (erweiterten) Katastrophenschutzes, der Bundespolizei oder Bundeswehr stehen in der Fläche dafür nicht oder kaum mehr bzw. erst nach erheblichem Zeitverzug zur Verfügung.

Abb.39: Zwillingsbereifung ist im schweren Gelände schlechter als spurgleiche Singlebereifung. Sie benötigt im Gegensatz zur Singlebereifung mehr Fahrspuren (6 statt 2) und die Bereifung kann hinten durch eingefahrene größere Steine leichter beschädigt werden.

Abb. 40: Spurgleiche, singlebereifte Allradfahrzeuge (hier ein TLF 3000-W der Feuerwehr Düsseldorf) mit ausreichender Bodenfreiheit und großen Rampen- und Überhangwinkeln mit selbstreinigender Geländebereifung bieten die besten Möglichkeiten abseits befestigter Straßen. Es handelt sich hier um einen Truppenübungsplatz, auf dem es in den letzten Jahrzehnten immer wieder zu Großbränden gekommen ist.

Watfähigkeit

Auch bei Vegetationsbränden kann es notwendig sein, Wasserflächen zu durchfahren. Nur sehr wenige LKW-Fahrgestelle verfügen über Wat- oder auch nur Wasserdurchfahrtsfähigkeiten von mehr als der Radmitte – also i.d.R. deutlich weniger als 50 cm! Bei vielen Fahrzeugen kann die Watfähigkeit gar nicht groß erhöht werden. Bei anderen müssen größere Watfähigkeiten teuer erkauft werden, nur wenige Fahrgestelle einzelner Hersteller (so z.B. Mercedes-Benz Unimog 5000 oder Zetros, einige IVECO Euro Cargo, Renault, Scania und Tatra) bieten serienmäßig (ab Band gegen Aufpreis) nutzbare Optionen mit über 1 m.

Selbst geländegängige Fahrzeuge haben Grenzen. Diese muss der Fahrer rechtzeitig erkennen und sie beachten. Das muss von den Trägern der Einsatzorganisationen ausgebildet werden, weil es nicht Bestandteil der allgemeinen Führerschein- oder Fahreraus- und Fortbildung ist.

Abb. 41: MB Zetros und MB Unimog U 5000 im Vergleich zu einem alten U 1300 beim Üben einer Wasserdurchfahrt in einer Heidefläche. Gleiches Gelände wie in Abb. 38 – 40. Die großen Wasserflächen sind auch nach längerer Trockenheit in einigen Bereichen der Wege noch vorhanden.

5.1.7 Brandbekämpfung am Boden

Es muss nach den Auswertungen der Einsatzberichte, -fotos und -beschreibungen sowie der Ausbildungsgrundlagen nach FwDV 2 davon ausgegangen werden, dass die Brandbekämpfung am Boden von den meisten Einsatzkräften selbst auf Basis einzelner Tätigkeiten und in der Anwendung der Werkzeuge bzw. Löschtechnik im Durchschnitt nicht ausreichend beherrscht wird (Schröder, 2009). Von konzertierten – also bewusst aufeinander abgestimmten – Aktionen kann häufig erst recht keine Rede sein.

Schröder (2009) beschreibt u.a. folgende Probleme, die immer wieder berichtet wurden:

- Zunächst wurde kein geordneter Löschangriff vorgetragen. Einsatzkräfte gingen (teilweise selbstverantwortlich) unkoordiniert vor.
- Zu wenig erfahrene Einsatzkräfte, die im richtigen Angriff die Front auf der ganzen Breite anhalten können, sodass das Feuer an den Einsatzkräften vorbeigelaufen ist.
- Weitere Einsatzkräfte waren an der falschen Stelle.
- Starke Fokussierung auf das u.U. sehr kostbare (da zu wenig zur Verfügung stehende) Löschmittel Wasser, Handgeräte wurden zu wenig, zu spät oder falsch eingesetzt.
- Falsche Anwendung des Löschmittels Wasser (z.B. zur vorsorglichen „Benetzung" der Vegetation, die i.d.R. schlichte Wasserverschwendung ist), oder Löschen von Flammen im Innenbereich der Brandfläche, also deutlich hinter dem Feuersaum.

Dazu kommen mangelnde Kenntnisse im Umgang mit den Handwerkzeugen (Rockholtz, 2011; für die Auswahl von bzw. den Umgang mit geeigneten Fahrzeugen (Cimolino u. Zawadke et al., 2006, wie auch grundsätzlich für die Führung größerer Einheiten (Cimolino, 2010). Eine der Ursachen ist das bereits beschriebene nahezu völlige Fehlen entsprechender Ausbildungsinhalte in allen Grund- bzw. Führungslehrgängen nach der grundlegenden Ausbildungsvorschrift, der FwDV 2 der deutschen Feuerwehren.

Solange das Feuer bzw. die Flammen und deren Ausbreitung klein und die im Verhältnis zur Verfügung stehenden Mittel an Personal, Löschgeräten (Fahrzeuge, Schläuche, Strahlrohre usw.) und Löschmittel (Wasser, Netzmittel usw.) groß sind, oder eben hinreichend ausgebildete bzw. in der Vegetationsbrandbekämpfung erfahrene Einsatzkräfte schnell genug vor Ort sind, ist es nicht schwierig, das Feuer unter Kontrolle zu bekommen. Das einzige echte Problem ist hier häufig das Unterschätzen der möglichen Folgebrände auf nicht komplett und sicher abgelöschten Flächen. Dieses Wiederaufflammen bereits „gelöschter" Feuer kann je nach Bewuchs und Wetter (Temperatur, Wind) nach Tagen oder sogar noch nach Wochen erfolgen. Die Auswertung der Einsätze (Cimolino, 2014) ergab einige sehr große Brände, die sich so aus „gelöschten" kleineren Bränden entwickelt haben bzw. zum zweiten oder sogar wiederholten Mal bekämpft werden mussten. Auch 2018, 2019 und 2020 gab es wieder mehrere Einsätze, bei denen das leider aufgetreten ist.

Einsatz von Einheiten und Gerät

Sobald die betroffene Fläche im Verhältnis zu den direkt verfügbaren Mitteln größer wird, muss man bewusst entscheiden, wo welche Einheiten mit welchen Löschgeräten konzertiert eingesetzt werden, um mit knappen Ressourcen einen möglichst positiven Effekt erzielen zu können. Kommen dann noch im üblichen Einsatzgeschehen sonst nicht verwendete Möglichkeiten (z.B. Brandbekämpfung aus der Luft) hinzu, treten häufig Probleme auf. Solange man diese mit immer mehr Personal und Einsatzmitteln lösen kann, fallen sie i.d.R. nicht weiter auf bzw. werden nach dem Einsatz schnell wieder verdrängt bzw. vergessen. Zögern die ersten Einsatzkräfte aber zu lange, Hilfe nachzufordern bzw. breitet sich das Feuer aufgrund der vorliegenden Bedingungen (Topographie, Bewuchs, Wetter) schneller aus, als diese Hilfe wirksam werden kann, oder werden taktisch falsche Ziele angegriffen, oder die richtigen taktischen Ziele falsch angegangen, werden die Feuer auch in Deutschland nicht mehr direkt löschbar – und die Leistung bzw. Arbeit verpufft. Sie laufen sich dann entweder an natürlichen Grenzen „tot", oder werden durch Wetterumschwung (v.a. Regen) nach Tagen oder gar Wochen endgültig gelöscht.

Von Beginn an nicht kleckern, sondern klotzen!

Ein großes Problem stellt in weiten Teilen v.a. im Osten Deutschlands die Belastung von Boden, aber auch in altem Baumbestand mit Kampfmitteln und deren zündfähigen Resten dar. Darunter fallen nicht nur Minen oder nicht abgefeuerte scharfe Kampfmittel, sondern auch abgeschossene Granaten bzw. abgeworfene Bomben, die nicht gezündet haben (Cimolino, 2019). Es kommt daher auch heute noch immer wieder zu schweren Unfällen mit Kampfmittelresten bei Vegetationsbränden.

Die Problematik ist so groß, dass sich Feuerwehren mittlerweile sogar bei bebauten Flächen neben bekannten Problemflächen in Absprache mit dem Forst und dem Kampfmittelräumdienst weigern, die direkte Brandbekämpfung im Wald zu übernehmen. Neben Vorbeugenden Schutzmaßnahmen (z.B. Waldbrandschutzriegel, Kampfmittelräumung) und sehr früher Brandbekämpfung aus der Luft, wird hier eher die Evakuierung von Gebäuden bzw. Ortschaften vorgeschlagen, selbst wenn dann eine Ausweitung zu Großbränden oder katastrophalen Waldbränden häufiger die Folge sein wird (Heine, 2013).

Problem mit Kampfmittelresten

Selbst die Bundeswehrfeuerwehren meiden Gebiete mit Munitionsresten bzw. Kampfmitteln. Kommt es zum Umsetzen (Zünden) z.B. von Blindgängern im Bereich von Lösch- oder sonstigen Einsatz-

Abb. 42: Auch außerhalb bekannter großer ehemaliger Schlachtfelder oder Schießbahnen auf Truppenübungsplätzen (TrÜbPl) kann es sogar im Bereich von Wegen zu unliebsamen Funden kommen. Hier eine vermutlich noch scharfe Granate aus dem II. Weltkrieg (oder kurz danach) unmittelbar neben einem Betriebsweg im Bereich eines ehemaligen Tagebaus.

maßnahmen wie der erforderliche Bau von Wegen oder Schneisen, erfolgt ein Rückzug in ungefährdetes Gebiet und eine neue Bewertung der Lage. Ist die Lage unklar, wird das Gebiet umkreist, entweder eine genässte Zone um dieses geschaffen und erhalten bzw. ein Gegenfeuer gelegt – und das brennende Zentrum wird so kontrolliert abgebrannt. – Diese Taktik funktioniert natürlich nur so lange, wie man es auch schnell genug schafft, den Brandherd einzukreisen und wirksam innerhalb dieser Zone zu kontrollieren!

Abb. 43: Bei der Waldbrandbekämpfung im Großraum Berlin (ehemalige Kampfzone, aber keine gesperrte Fläche) gefundene Mörsergranate. Sie lag knapp unter der Grasnarbe und wurde durch Tritt darauf „entdeckt“.

Bei bekannten Verdachtsflächen und erkennbarer kompletter Munition bzw. Munitionsresten, die nicht sicher ungefährlich sind, muss man im Einsatz grundsätzlich Abstand wahren, auf sicher geräumten Flächen, Straßen und Wegen bleiben. Verdachtsstellen sind zu kennzeichnen und der Polizei bzw. dem Kampfmittelräumdienst mitzuteilen.

Ein größerer Brand mit dieser Problematik war auf dem ehemaligen TrÜbPl Teupitz bei Wünsdorf. Dort brannten vom 20. – 22.07.2013 knapp 20 ha Wald auf größtenteils munitionsbelasteten Flächen. Bei dem Einsatz wurden neben Hubschraubern auch Löschpanzer (vgl. Kap. 6.3.3) eingesetzt. Der Einsatz verlief offensichtlich nicht ohne (Abstimmungs-)Probleme, da es in der Folge innerhalb der Einsatz-

Abb. 44: Gekennzeichnete vermutete Fundstellen von Kampfmittel(-resten) neben einem Weg und das Ergebnis einer Räumaktion.

Abb. 45: Brände auf Munitionsverdachtsflächen (hier 2018 beim Großbrand bei Treuenbrietzen) müssen von sicherem Gebiet aus bekämpft werden. Dies geht z.B. mit geschützten Fahrzeugen von Kampfmitteln geräumten Wegen aus, oder mit dem Verlegen von Beregnungsanlagen vor dem Eintreffen der mit dem Wind verlagerten Risikozone vor der Feuerfront. Eine direkte Bekämpfung ist nicht möglich, weil das Betreten dieser Flächen zu gefährlich ist. Hier wurden über 400 ha Wald vernichtet, davon mehr als die Hälfte mit Kampfmittelverdacht.

kräfte und über das Internet zu erheblichen Diskussionen gekommen sein muss.

Ähnliches war auf 2019 bei dem mehrtägigen Vollbrand im Bereich von Lübtheen auf einem jahrzehntelang genutzten, ehemaligen Übungsgelände und Munitionslager (Wehrmacht, Rote Armee, Volksarmee, Bundeswehr) festzustellen.

5.1.8 Einsatzunterstützung und Brandbekämpfung aus der Luft

Luftfahrzeuge werden heute bei allen größeren Vegetationsbränden eingesetzt. Bei den großen Bränden von 1975 stieß ihr Einsatz (erstmals in größerem Umfang und parallel mit verschiedenen Hubschrauber- und Flächenflugzeugvarianten, mit jeweils unterschiedlichen technischen Wasseraufnahme- und Abwurfkonzepten) noch auf Kritik (vgl. u.a. Bartels, 1976 sowie Puf, 1976). Die geschilderten Probleme lagen aber vermutlich mehr an den fehlenden technischen Möglichkeiten, falschen Erwartungen bzw. auch unklarer Einsatztaktiken bzw. wechselnder Einschätzung der Gefährdung für die Mannschaften am Boden. Mehrere Berichte des Bundesforschungsministeriums relativierten die Probleme bzw. beschrieben vermutlich für Deutschland umfassend erstmals auch taktisch richtige Anwendungen und förderten weitere technische Entwicklungen (vgl. BMFT, 1979, 1981 und 1985).

Abb. 46: Agrarflugzeug im Einsatz bei den großen Bränden von 1992 um Weißwasser. Heute spielen diese Flugzeuge in Deutschland praktisch im Einsatz kaum mehr eine Rolle, weil es hier schon 2007 nur noch ein Unternehmen mit 2 Flugzeugen gab, die das tun könnten (Patzelt, 2008).

Einsatzerfahrungen

Schroeder (2009) beschreibt hierzu im Weiteren sinngemäß:

- Der Einsatz von Luftfahrzeugen war zur Lageerkundung und Koordination der Einsatzkräfte auf dem Boden durchweg erfolgreich. V.a. wurden sie erfolgreich genutzt, um Einsatzkräfte am Boden an Brandherde heranzuführen, sie vor Wechsel der Brandausbreitungsrichtung zu warnen – und ggf. auch in Sicherheit zu führen etc.)
- Der Einsatz zur Brandbekämpfung war in den meisten Fällen weniger erfolgreich. Zwar wird häufig positiv darüber berichtet, allerdings werden bei genauerer Betrachtung beim Einsatz von Luftfahrzeugen häufig Einsatzkräfte unnötigerweise am Boden zu früh, zu lang und zu weit zurückgezogen. Wird das Löschwasser fehl geworfen (also nicht auf das Feuer, sondern daneben) oder falsch eingesetzt (z.B. zu geringe Löschmittelmenge in zu großer Streuung in Vollfeuer), verpufft es wirkungslos.
- Die Anforderungszeiten sind recht lang und die -wege oft kompliziert bzw. die Kostenübernahme problematisch (vgl. auch Böhme, 2011 bzw. Kap. 2.5.2), so dass angeforderte Luftfahrzeuge nicht oder zu spät kamen, um noch wirksam eingreifen zu können.

Abb. 47: In Brandenburg werden seit einigen Jahren auch große Faltbehälter zum Füllen von Löschwasser-Außenlastbehältern genutzt, wenn kein offenes Gewässer in der Nähe ist, das dafür auch geeignet ist. Im Gegensatz zu Bayern und Österreich gibt es hier aber keine spezielle Ausbildung oder Ausrüstung für Flughelfer o.ä., um die Piloten beim Auftanken oder Abwerfen einweisen zu können.

Akzeptanz der Luftunterstützung

Bei den deutschen Feuerwehren ist die Akzeptanz in die nötige Unterstützung von Luftfahrzeugen je nach Bundesland auch aufgrund fehlender Erfahrungen und Möglichkeiten der gemeinsamen Übung allerdings bisher eher wenig ausgeprägt. Ausnahmen stellen hier v.a. Bayern und Brandenburg dar, die allerdings völlig unterschiedliche Konzepte verfolgen.

Abb. 48: Schon 2010 setzten die Bayerischen Feuerwehren bei Übungen auf offenen Gewässern RTB (oberhalb der gelandeten CH-53, siehe Pfeil) zur Erkundung der Löschwasseraufnahmestelle und Sicherung ein.

In anderen Bundesländern ist die technische Ausrüstung und die Ausbildung der Feuerwehren im Umgang mit Luftfahrzeugen bzw. Hubschraubern mit Außenlastbehältern meist wesentlich schlechter, wenn sich auch in den letzten Jahren hier einiges verbessert hat. So hat Hessen z.B. 2019 vier AB Waldbrand beschafft und den Feuerwehren übergeben. Das Einsatzkonzept ist ähnlich dem von Brandenburg. Auch Niedersachsen verfolgt nun ein ähnliches Konzept.

Abb. 49: AB Waldbrand von ITURRI für den Katastrophenschutz des Landes Hessen. Alle wesentlichen Beladungsbestandteile (wie z.B. das Bambi Bucket) sind aus Redundanzgründen doppelt vorhanden.

In den USA werden von Hubschraubern aus auch Brände gelegt, um je nach taktischer Ausrichtung defensiv („Burn-Out“ = Vorfeuer) oder offensiv („Backfire“ = Gegenfeuer) zu wirken, vgl. Kap. 7.1. In Europa werden dafür nach Kenntnis der Verfasser bisher noch keine Luftfahrzeuge genutzt, obwohl dies gerade in unwegsamen schlecht erreichbaren Gebieten durchaus eine effiziente und effektive Taktik sein kann – wenn man weiß, wie vorzugehen ist und die Geräte dafür auszusehen haben.

Italienische Feuerwehren haben spätestens mit der letzten Neubeschaffung von Löschhubschraubern ab 2020 auf Basis der Erickson (früher Sikorsky) S-64 (Sky Crane) sogar die Möglichkeit, vom Hubschrauber aus direkt unter Druck Wasser gezielt nach vorne zu spritzen (wie ein Wasserwerfer).

Derzeit kann eine gemeinsame Führungsausbildung oder auch nur ein Grundkonsens über die Aufgaben und Möglichkeiten der Feuerwehr (und erst recht ggf. anderer Hilfsorganisationen oder der Träger der Luftfahrzeuge) im Einsatz mit bzw. bei der Unterstützung von Luftfahrzeugen nicht vorausgesetzt werden!

Es ist notwendig, einheitliche Mindeststandards an Führungswissen zum Luftfahrzeugeinsatz zu definieren – und aus- bzw. fortzubilden.

5.1.9 Logistik und Versorgung

Bei längeren Einsätzen muss im Gegensatz zum „Standardfeuerwehreinsatz" (Dauer ca. 1 – 4 h) ein erheblich größerer Aufwand für die Logistik und Versorgung der Kräfte auch im Einsatzgebiet betrieben werden. Die mangelnde Versorgung mit Kraftstoff führte nach Stahlbuhk (1976) bei den Bränden 1975 in Niedersachsen zu großen Problemen, da z.T. mangels Kraftstoff die Löscharbeiten eingestellt werden mussten. Bei den Waldbränden von 1992 in Brandenburg konnte die dauerhafte Versorgung vor Ort erst mit Tankwagen der Bundeswehr hergestellt werden. Insbesondere beim längeren Einsatz von Hubschraubern von Außenlandeplätzen, beim Einsatz von taktischen Verbänden mit vielen Fahrzeugen und beim Einsatz von Berge- bzw. Pionierpanzern und Bau- bzw. Forstarbeitsmaschinen muss damit gerechnet werden, dafür eine geeignete Kraftstofflogistik aufbauen zu müssen. Für die Luftfahrzeuge wird das nur über deren Betreiber möglich sein, für alle anderen muss i.d.R. der S4 im Stab der TEL bzw. ÖEL sorgen (vgl. Cimolino, 2020).

Bei Außenlandeplätzen mit mobiler Tankstelle für Luftfahrzeuge ist immer eine brandschutztechnische Komponente zu stellen!

Lebensmittel- und Getränkeversorgung

Die Versorgung mit geeigneten Lebensmitteln und Getränken ist v.a. bei längeren Einsätzen im Sommer sehr wichtig, um die Einsatzfähigkeit der Einheiten zu erhalten. Trinkt man bei harter körperlicher Arbeit und relativ hohen Temperaturen zu wenig oder das Falsche, z.B. Alkohol, kohlensäurehaltige Getränke (auch Mineral-

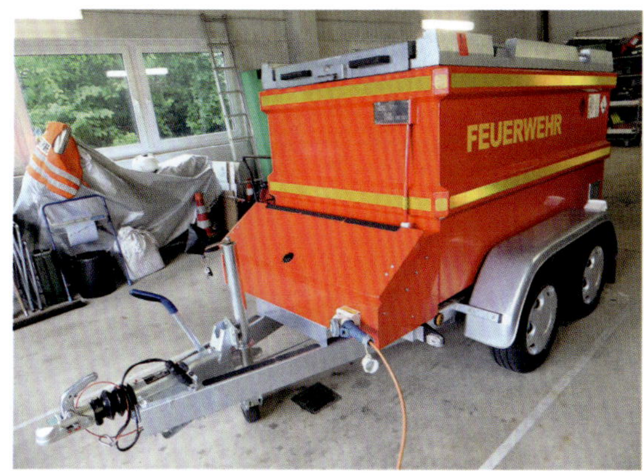

Abb. 50: Mobile Tankstelle für die Betankung von Luftfahrzeugen mit Jet-A1 (Kerosin) der Fa. dlk23-12.de.

wasser mit Kohlensäure), Cola, zu kalte Getränke usw. (vgl. BESCH et al., 2015), sinkt die Leistungsfähigkeit der Einsatzkräfte sehr schnell. Außerdem muss die Getränkevorhaltung und -mitführung so erfolgen, dass die Einsatzkräfte diese während des abgesetzten Einsatzes sinnvoll nutzen können. Das bedeutet die Mitführung von Trinkflaschen in Holstern oder Trinkblasen zum Umhängen oder als Rucksacklösung.

Die Vertiefung zum Thema Großschadenslagen erfolgt bei CIMOLINO et al. (2010) bzw. BESCH et al. (2015).

5.2 Geographische und auf das Klima oder die Meteorologie bezogene Auswertungen der Vegetationsbrände

Eine georeferenzierte Betrachtung (vgl. Kap. 3.2) ergibt die grundsätzlich bekannte Problemverteilung auf die bekannten Bundesländer, allerdings mit einigen Auffälligkeiten. Für die detaillierte Auswertung ist zu beachten, dass sich durch Waldbrände bis in die 1950er Jahre teilweise Landschaften komplett verändert haben, weil eine Wiederaufforstung unterblieb bzw. eine Umnutzung (z.B. durch Bebauung oder Umwidmung in Felder) erfolgte. Dies betrifft v.a. Gebiete in Nord- und Westdeutschland.

Waldbrandstatistik

Eine klimareferenzierte Darstellung ergibt – wie erwartet – eine Häufung großer Waldbrände in sehr trockenen Jahren. Dabei ist zu beach-

Abb. 51: Mobiler Tankwagen der Bundespolizei zur Feldbetankung an einem Außenlandeplatz mit verschiedenen Hubschraubertypen unterschiedlicher Betreiber in Bayern, Brandschutz durch TLF. Einweisung an der „Tankstelle" durch Flughelfer der Feuerwehr.

ten, dass die Klimaeinflüsse auf lokale Brandereignisse (Häufigkeit, Größe) regional und jahreszeitlich unterschiedlich sein können.

Für die Feuerwehr bleibt festzuhalten, dass z.B. die Folgen der Trockenjahre 1976 und 2003 – und auch 2018 sowie 2019 – in der Waldbrandstatistik abzulesen sind.

Nimmt man die Waldbrandstatistik für Deutschland seit 1991 hinzu, lassen sich weitere Zusammenhänge erschließen, die weniger mit der Fläche einzelner Ereignisse, als mit der Häufung und der betroffenen Gesamtfläche einhergehen.

Die Wahrscheinlichkeit, dass ein Jahr zum „Waldbrandjahr" wird, beträgt für

- **einen „Jahrhundertsommer": 10 von 10 = 100 %**
- **ein Jahr mit erheblichen Niederschlagsdefiziten: 10 von 11 = 91 %**

6 Ausrüstung zur Vegetationsbrandbekämpfung

Hier werden die Ausrüstungsgegenstände behandelt, die direkt von der Feuerwehr oder den beteiligten anderen Einsatzorganisationen bzw. Waldbesitzern zur Waldbrandbekämpfung vorgehalten werden. Für die Beschreibung der unterschiedlichen Außenlastbehälter (die teilweise auch von Feuerwehren vorgehalten werden) sei auf PATZELT (2008) verwiesen.

6.1 Sinnvolle bzw. notwendige Persönliche Schutzausrüstung

Die DGUV-Vorschrift 49 (UVV Feuerwehr) gibt in Deutschland die Grundlagen für die Ausstattung von Feuerwehrangehörigen mit Persönlicher Schutzausrüstung (PSA) vor. Dort beschreibt § 14 (1) die Mindestausrüstung:

- Feuerwehrschutzanzug
- Feuerwehrhelm mit Nackenschutz
- Feuerwehrschutzhandschuhe
- Feuerwehrschutzstiefel

Dies ist für die Vegetationsbrandbekämpfung bereits eine gute Grundausrüstung. Sie muss aber für bestimmte Tätigkeiten bzw. Gefahrenlagen ergänzt werden. Das entspricht auch den Vorgaben der des § 14 (2), wonach bei besonderen Gefahren spezielle Persönliche Schutzausrüstungen vorhanden sein und auch genutzt werden müssen, die in Art und Anzahl auf diese Gefahren abgestimmt sind. Aus dem Führungsaufbau der Feuerwehr ergibt sich, dass dies ggf. befohlen werden muss. Die Verantwortung dafür trägt die jeweilige Einsatzkraft – und im Rahmen der Dienst- bzw. Fachaufsicht auch der jeweilige Vorgesetzte!

Das Wissen um die fachlichen Hintergründe zur sinnvollen Auswahl von geeigneter PSA zur Vegetationsbrandbekämpfung ist leider bei vielen Einsatz- und Führungskräften oft nur oberflächlich vorhanden. Schon ein kurzer Blick auf die Berichte bzw. Bilder von Feuerwehren oder Medien zeigt, dass die Risiken immer noch viel zu oft völlig unter- oder überschätzt werden. So reicht die Bandbreite der verwendeten PSA von viel zu wenig (oder gar nichts) bis hin zu völlig überzogenen Schutzmaßnahmen.

Die FUK Nord hat dazu im Jahr 2020 aktualisierte Empfehlungen und @fire auch Hinweise für die richtige Auswahl und Anwendung von PSA im Vegetationsbrand herausgegeben.

6.1.1 Schutzkleidung

Auf Einsatzkräfte können im Vegetationsbrand direkt oder indirekt mehrere Gefahren einwirken. Diesen Gefahren muss mit geeigneter Schutzkleidung begegnet und ggf. mit einer Gefährdungsbeurteilung darauf eingegangen werden.

Feuer:

- Hitze
  - durch Strahlungswärme,
  - heiße Luft (kann u.a. zu Atemwegsverletzung führen)
- Glutpartikel durch Funkenflug oder aufgewirbelt durch scharfen Wasserstrahl
- Flammen (thermische Zersetzung der Vegetation)
- Rauch (Rauchgasintoxikation, gereizte Augen)

Mechanische Verletzungen:

- Vegetation (beim Gehen durch Buschwerk mit Verletzungen durch Dornen, abgebrochene Zweige, aber auch Stolpern, Ausrutschen o.ä.)
- Umgang mit Werkzeugen (auch von anderen Einsatzkräften)
- Hochspritzen von scharfkantigem oder splitterartigem Boden- oder Vegetationsmaterial durch Einsatz von Wasser unter hohem Druck,
- Hochschleudern von Material durch Bodenfräsen.

Abb. 52: T-Shirts bzw. Tops sind in der Frontlinie keine ausreichende PSA für die Bekämpfung von Vegetationsbränden.

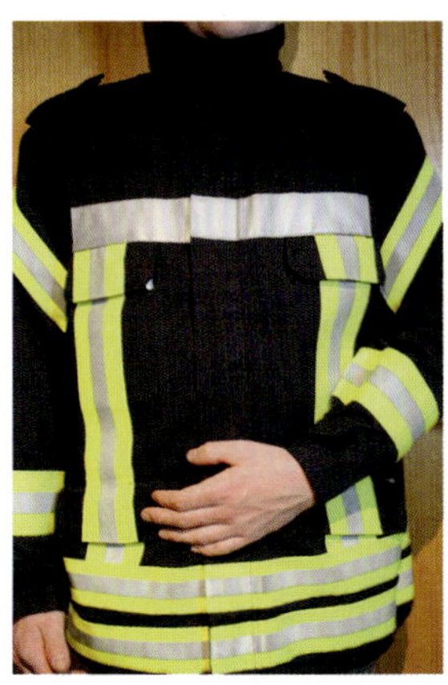

Abb. 53: Feuerwehrjacke nach HuPF 3 mit verschließbaren Ärmelabschlüssen, hochgestelltem und verschließbarem Kragen, Taschen mit Schutzpatten usw. So sieht es auch z.B. die DIN EN 15614 vor.

Feuerwehrschutzkleidung

Idealerweise wird für die Vegetationsbrandbekämpfung besonders geeignete Kleidung verwendet, wie sie z.B. in der DIN EN 15614:2007-09 beschrieben ist. Der Unterschied dieser Bekleidung zu normaler Feuerwehrschutzkleidung nach DGUV-V 49 bzw. HuPF 2 (Feuerwehrhose) bzw. 3 (Feuerwehrjacke) besteht v.a. darin, dass die Arm- und Beinabschlüsse enger schließbar sind, um ein Eindringen von brennbaren Gasen oder Funken bzw. Flammen zur Haut vermeiden zu können. In den extrem waldbrandgefährdeten Ländern wird laufend daran gearbeitet, die spezialisierte Schutzkleidung der häufig nur in diesem Einsatzbereich eingesetzten Einsatzkräfte zu verbessern. Man versucht das Gewicht und den Tragekomfort zu optimieren und gleichzeitig den Schutz gegen Wärmestrahlung, Funken usw. zu verbessern.

Grundsätzlich benötigen alle Feuerwehrangehörigen im Einsatzdienst in Deutschland eine Feuerwehrschutzkleidung nach § 14 DGUV Vorschrift 49, also z. B. eine Ausführung auf Basis der Herstellungs- und Prüfungsbeschreibung (HuPF) Teile 2 und 3, oder nach den Hinweisen der DGUV Information 205 014 – Anhang 05 Feuerwehrschutzkleidung. Es ist problemlos möglich, diese Feuerwehreinsatzkleidung so anzulegen bzw. ggf. weiter zu optimieren, dass sie für gelegentliche Einsätze bei Vegetationsbränden auch gut geeignet ist.

Falsche Überbekleidung

Die immer wieder zu beobachtende Verwendung von „Überbekleidung zur Brandbekämpfung in Räumen mit Durchzündungsgefahr" (HuPF 1 bzw. 4 bzw. EN 469) bei der Vegetationsbrandbekämpfung auch bei wärmeren Temperaturen ist im Freien weder notwendig noch sinnvoll, vgl. FUK (2020). Sie gefährdet bei längerer und harter Arbeit bei Vegetationsbränden aufgrund des Wärmestaus unter der Kleidung die Einsatzkräfte durch Überhitzung bzw. erhöhten Flüssigkeitsverlust durch Schwitzen.

Abb. 54: Überbekleidung zur Brandbekämpfung in Gebäuden ist – außer als Kälteschutz – bei der Vegetationsbrandbekämpfung selten sinnvoll. Der Feuerwehrgurt ist hier in jedem Fall völlig überflüssig. Der Einsatz auf dem Foto fand im Juli statt!

Für das Tragen der Feuerwehrschutzkleidung im Vegetationsbrandeinsatz gilt:

- Bündchen und Reißverschlüsse geschlossen halten.
- Die Hosenbeine werden über den Stiefeln getragen! Soweit keine Bündchen eingearbeitet sind, kann man sich mit Bändern behelfen, um die Beine an den Stiefeln eng zu schließen, damit keine heißen Brandgase, Asche, Funken bzw. Glut von unten in die Hosenbeine schlagen.
- Der Jackenkragen ist aufgestellt und geschlossen zu tragen.
- Die Handschuhe müssen je nach Ärmelabschluss und Stulpen entweder drüber oder drunter, aber zueinander PASSEND sein. Es sollten Handschuhe sein, die auch zum längeren Arbeiten mit Handwerkzeugen geeignet sind! „Rohrführerhandschuhe" (= Schweißerhandschuhe) aus Leder sind dafür nicht geeignet! Hinweis: Sind keine thermischen Einwirkungen zu erwarten, können Handschuhe gegen mechanische Belastungen gemäß DIN EN 388:2017 verwendet werden, siehe auch ergänzende Erläuterungen der DGUV (2017).

Abb. 55: Bei Bränden von Getreideflächen kann sich z.B. durch drehende Winde das an einer Position zunächst recht ungefährliche Flammenbild, die Rauch- und Funkenbildung bzw. mitgerissene brennende bzw. glühende Partikel in kürzester Zeit verändern. Zwischen den beiden Bildern liegen nur wenige Minuten.

In allen anderen Fällen muss die PSA-Auswahl für den Feuerwehreinsatz im Rahmen einer Gefährdungsbeurteilung erfolgen, vgl. DGUV Information 205-014, Anhang 08a.

Gerade bei heißen Temperaturen kann und soll der zuständige Führer tätigkeitsbezogen und risikoabhängig „Marscherleichterung" gewähren bzw. richtigerweise formal anordnen, allerdings müssen beim Vegetationsbrand mehrere Punkte beachtet werden:

1. Risiken im konkreten Einsatz bzw. Auftrag? (Flammen, Funken, Bewuchs, mechanische Tätigkeiten usw.)
2. Für wen? (Alle, oder nur für bestimmte Tätigkeiten/Bereiche?)

Zweilagige Schutzkleidung

Cimolino et al. (2019) beschreiben aufgrund der Erfahrungen von @fire und umfangreichen Materials von spezialisierten Einheiten zur Waldbrandbekämpfung in Europa und den USA eine optimalerweise zweilagige Schutzkleidung zur Waldbrandbekämpfung:

- „Eine eng anliegende, den Körperschweiß weiterleitende Schicht, z.B. in Form von langer Baumwoll-Unterwäsche und
- eine flammhemmende Schicht, die gleichzeitig auch ausreichend mechanisch stabil ist."

Abb. 56: @fire benutzt seit Jahren entsprechende PSA. Hier ein Waldbrandhemd, darunter ein langärmliges, Baumwollunterhemd (100 % – kein Mischgewebe oder Synthetik!) und eine darüber getragene Einsatzjacke mit den entsprechenden Materialien.

Hinweis für Einheiten mit der Schwerpunktaufgabe Vegetationsbrandbekämpfung:

PSA nach DIN EN 15614:2007(-9)

Insbesondere diese können auch spezielle PSA für die Brandbekämpfung im freien Gelände nach (DIN) EN 15614:2007(-09) verwenden. Diese PSA erfüllt auch die Anforderungen an die Feuerwehrschutzkleidung nach § 14 DGUV Vorschrift 49 „Feuerwehren“ und kann damit auch für alle anderen Einsätze verwendet werden, soweit aufgrund der auftretenden Risiken nicht besondere Schutzkleidung (z.B. für den Innenangriff) getragen werden muss.

Immer wieder sieht man Einsatzkräfte in nasser oder sogar vorsätzlich benässter Schutzkleidung. Wie beim Innenangriff ist das auch bei Vegetationsbänden sehr gefährlich, da es sehr schnell zum Wasserdampfdurchschlag mit der Folge schwerer Verbrennungen bzw. Verbrühungen kommen kann.

Es ist anzustreben, dass der einlagige Feuerwehrschutzanzug als Standardeinsatzkleidung mehr nach DIN EN 15614 ausgelegt wird. Dies ist mit relativ wenig Aufwand möglich.

Die Ausbildung in der richtigen Anwendung der PSA auch in der Brandbekämpfung im Freien ist zu verbessern!

Hilfreich sind entsprechende Hinweise in Einsatzempfehlungen z.B. von @fire bzw. der Unfallkassen, vgl. „Oben ohne?“, FUK (2020).

6.1.2 Atemschutz

Bei Vegetationsbränden werden die üblichen Brandgase (Tab. 1) beim Abbrand organischer Stoffe frei. Dazu entstehen noch Ruß bzw. Asche sowie durch die Thermik oder Winde ggf. mitgerissene Schwebteilchen (Staub). Die Menge und Gefährlichkeit dieser Stoffe ist für viele Einsatz- bzw. Führungskräfte schwer einzuschätzen und wird auch heute noch oft über- oder unterschätzt. Obwohl es dem natürlichen Verhalten von Menschen entspricht, Brandrauch zu vermeiden, weil er die Augen und die Atemwege reizt, gibt es Einsatzkräfte, die unter dem Eindruck der Lage bzw. ihres Engagements dagegen unempfindlich zu sein scheinen.

Erster Grundsatz sollte aber sein, die Exposition der Einsatzkräfte gegenüber Brandrauch zu minimieren (Cimolino et al., 2011). Dies

Abb. 57: Insbesondere bei Bodenbränden, hier beim Moorbrand auf der WTD 91 bei Meppen im Jahr 2018, kann es zu erheblicher Rauchentwicklung kommen.

kann man durch taktisch richtiges Verhalten am Einsatzort erreichen, insbesondere durch

- Beachtung der Windrichtung – das gilt auch für die Annäherung an einzelne brennende Objekte wie Büsche,
- Beachtung der richtigen Entfernung und Lage des eigenen Standortes (unterhalb/seitlich/oberhalb?) zum Feuer und zum Rauch inkl.
- Auswahl der richtigen Brandbekämpfungsinstrumente (Nutzung von Wurfweite und defensiver Einsatztaktik).

Schadstoffe im Brandrauch

Bei Vegetationsbränden können natürlich auch Schadstoffe entstehen:

Tab. 1: Entstehungsprodukte im Brandrauch.

Brandstoffgruppe	**Brandphase**				**Kalte Brandstelle**
	Entstehungsbrand	**Vollbrand**	**Brandbekämpfung**	**Nachlösch- und Abkühlungsphase**	
Cellulose (Holz, Papier, Zellstoffe)	CO_2, CO, H_2O	CO_2, CO, H_2O Aldehyde, Aromaten, PAK, Alkohole, Essigsäure, KW	CO_2, CO, H_2O Aldehyde, Aromaten, PAK, Alkohole, Essigsäure, KW	Aldehyde, Aromaten, PAK, Alkohole, Essigsäure, KW	(Aromaten), PAK

Dazu kommen ggf. noch Verbrennungsprodukte von ebenfalls vom Feuer oder auch nur Hitze betroffenen Objekten wie Gebäuden, Fahrzeugen, Abfall oder Produktionsrückständen im Boden oder gar offenen Müllkippen.

Bei Vegetationsbränden können auch noch durch Wind oder Thermik getriebene, unverbrannte, organische Reste bzw. feinkörniger Boden (Staub, Sand) o.ä. in der Luft sein. Das Tragen von umluftunabhängigem Atemschutz (Pressluftatmer) bei Vegetationsbränden belastet die Einsatzkräfte v.a. durch das erhebliche Gewicht und behindert sie durch die eingeschränkte Beweglichkeit. Die ohnehin bereits sehr schwere körperliche Arbeit (Verlegen von Schläuchen über hunderte Meter ggf. auch bergauf, Anlegen von Schneisen, Sandwurf, Anwendung der Feuerpatsche o.ä.) wird noch weiter erschwert – und die Einsatzzeit jeder Einsatzkraft reduziert sich dramatisch auf deutlich unter 20 min. Dazu kommt, dass in vielen Feuerwehren nur ein Teil der Einsatzkräfte im Tragen von Atemschutz ausgebildet, untersucht und trainiert ist. Die Arbeit wird also dann auf wenige konzentriert.

Geeignete Atemfilter

Sinnvoll ist je nach Bedarf Atemschutz durch entsprechende Atemfilter (spezielle Tücher mit einer Filterfunktion, Halbmasken oder ggf. auch Vollmasken mit Filter), wenn es nicht gelingt, die Brandrauch-Exposition der Einsatzkräfte grundsätzlich zu vermeiden. Normale Schals oder „Bandanas" gelten nach Haston (2007) als ungeeignet für einen wirksamen Atemschutz.

Es empfiehlt sich, wenigstens je Sitzplatz der Besatzung je eine Maske mit einem „Feuerwehr"-, also A2B2E2K2-P3-Filter[1] (für die Vegetationsbrandbekämpfung, besser noch solche mit einem zusätzlichen CO-Filter!) z.B. in Trageboxen als Beladung vorzusehen, weil diese bedarfsweise „am Mann getragen" werden kann und damit wenigstens eine Fluchtmöglichkeit gegeben ist. Als reine Fluchtmasken sind natürlich auch die für die Rettung von Menschen aus verrauchten Gebäuden genutzten Fluchtfiltermasken bzw. Filterfluchtgeräte geeignet. Dies sind aber in jedem Fall reine Fluchtgeräte und für den Einsatz bzw. die Arbeit nicht zugelassen.

Abb. 58: Richtige PSA mit Atemschutz in Bereitschaft, hier durch umgehängte Atemschutzmaske für die Helmmaskenkombination (HMK) mit Filter. Richtig hier der hochgestellte Kragen sowie die geschlossenen Stulpen an den Schutzhandschuhen.

Sollen Filter an einer Atemschutzmaske dagegen geplant im Einsatz getragen werden, ist eine arbeitsmedizinische Untersuchung nach G 26.2 notwendig. Der Nachteil ist der relativ hohe Atemwiderstand, der Vorteil ist die recht breitbandige Anwendbarkeit. – Wie wichtig die richtige Ausrüstung bzw. wie problematisch die Unterschätzung der Gefahren durch Brandrauch sind, sieht man daran, dass

[1] Auch abgekürzt als ABEK2-P3, eine ebenfalls zulässige Schreibweise, wenn vor der „2" keine anderen Ziffern kommen.

beim Waldbrand am Thumsee von Ende Juli 2013 mind. 21 Einsatzkräfte (davon 12 durch Rauchgasintoxikation) verletzt wurden (vgl. SK-Verlag, 2013).

Abb. 59: Gesichtsschutzmaske mit FFP3-Filter der Fa. Vallfirest

Wichtig für die Anwendbarkeit von Filtermasken ist die Kenntnis um die Rahmenbedingungen für deren sicheren Einsatz:

- Atemschutzgeräteträger müssen natürlich die entsprechende G26-Untersuchung haben. Für die Träger von „Feuerwehr-Filtermasken" im Einsatz (nicht als reines Fluchtgerät) ist die G 26.2, für Pressluftatmer die G 26.3 erforderlich.
- Ausreichend Sauerstoff, d.h. praktisch kann man Filtermasken als Atemschutz zur Gefahrenabwehr bei Bränden nur im Freien einsetzen!
- Filter für die Schadstoffe (Art und Menge bzw. Konzentration) geeignet!
- Filter wird durch die Schadstoffe bzw. andere Stoffe in der Luft (Staub, Flockenbildung usw.) in der vorgesehenen Tragezeit bzw. im Einsatzgebiet nicht zugesetzt. Ist dies zu befürchten, muss reagiert werden:
  - Einsatzzeit begrenzen,
  - Eindringtiefe reduzieren,
  - Reserve-Filter mit- bzw. nachführen,
  - Angriff in dem Bereich zumindest zeitweise mit anderen Mitteln durchführen (weitreichende Rohre, Werfer, Abwurf aus der Luft).
  - In Einzelfällen (z.B. Brände auf ehemaligen Mülldeponien) ggf. auch umluftunabhängigen Atemschutz verwenden.

Gesichtsschutzmaske

Für häufiges Arbeiten am Feuer bietet sich eine sogenannte Gesichtsschutzmaske mit auswechselbarem FFP3-Filter an (Abb. 59). Diese Masken schützen den Hals- und unteren Gesichtsbereich sowie die oberen Atemwege vor massiver Wärmebeaufschlagung. Bei Erholungsphasen abseits des Feuers kann die Maske in einer Stand-By Haltung getragen werden, ohne vorher den Helm abnehmen zu müssen. In Kombination mit einem am Helm angebrachten umschließenden Nackenschutz wird der gesamte Kopf- und Halsbereich geschützt

Empfehlungen für Bevölkerung

In den USA gibt es aufgrund der häufigen großflächigen Brände in unmittelbarer Nähe besiedelter Gebiete mit einer erheblichen Belastung durch windversetzten Brandrauch seit 2001 auch umfangreiche Empfehlungen für die Bevölkerung, vgl. Wildfire Smoke – A Guide for Public Health Officials (2008). Entsprechende Empfehlungen soll-

Abb. 60: Bei brennenden Müllresten oder ganze Kippen (hier Sommer 2014 in Schweden bzw. 2013 in Griechenland unmittelbar am Meer oder anderen „nicht-natürlichen" Brandherden innerhalb brennender Vegetation) muss natürlich – wie sonst auch – mit passender PSA vorgegangen werden. Das kann hier auch das Tragen von umluftunabhängigem Atemschutz (PA) umfassen. – Natürlich gibt es auch in deutschen Wäldern alte Müllkippen!

ten bei Bedarf von den Feuerwehren auch in Deutschland ausgegeben werden:

- Verfolgen Sie laufend die Medien, um Informationen und ggf. Warnungen bzw. Verhaltensempfehlungen rechtzeitig zu erfahren.
- Bleiben Sie in Innenräumen!
- Reduzieren Sie Ihre Aktivitäten bzw. körperlichen Belastungen!
- Reduzieren Sie andere Formen der Belastung der Atemluft (z.B. durch Rauchen)!
- Nutzen Sie ggf. Luftfiltermöglichkeiten (z.B. durch Raumluftfilter, Klimaanlagen), aber nur nach vorheriger Prüfung, ob das wirklich sinnvoll ist.
- Halten Sie als Notfall geeignete Atemmasken vor!
- Befolgen Sie die Empfehlungen der Behörden!
- Geben Sie diese ggf. auch an Ihre Nachbarn weiter. Kümmern sie sich um gebrechliche und ältere Menschen, die mit der Situation überfordert sein können!
- **Ziehen Sie sich rechtzeitig zurück!**

6.1.3 Augenschutz

Eine dringende Empfehlung für die Bekämpfung von Vegetationsbränden ist eine dicht schließende Schutzbrille, um die Augen vor Rauch, Funkenflug und Wärmestrahlung zu schützen. Steht eine solche nicht zur Verfügung, sollte ein Augenschutz (z.B. Schutzbrille) aus dem Bereich des Rettungsdienstes oder der THL Anwendung finden. Für bestimmte Vegetationsformen (z.B. dichtes Buschwerk, Dornengestrüpp usw.) kann es auch notwendig sein, einen Gesichtsschutz zu tragen, um Verletzungen zu vermeiden. Natürlich bietet auch eine Atemschutzvollmaske einen Augenschutz, allerdings ist der Tragekomfort v.a. bei sehr warmen Temperaturen im Vergleich zur reinen Schutzbrille sehr eingeschränkt.

Passender Augenschutz

Jeder Augenschutz muss v.a. in Verbindung mit einer Brille persönlich angepasst werden. V.a. breite und große Brillengestelle können in Verbindung mit Schutzbrillen Anpassungs- oder gar Nutzungsprobleme mit Visieren oder Schutzbrillen bedeuten. Nicht nur Brillen können ein Problem sein. Bei in den Helm integrierten Schutzbrillen kann es bei außergewöhnlichen Gesichtsformen (z.B. ausgeprägte lange bzw. vorstehende Nase) ebenfalls zu Nutzungsschwierigkeiten kommen. Diese können so weit gehen, dass für einzelne Träger spezielle Ausrüstung anderer Hersteller beschafft werden muss.

Abb. 61: Verschiedene Brillenvarianten (müssen immer dicht am Auge schließen!). Achten Sie immer auf die Eignung für die konkrete Tätigkeit:

- Grau-schwarz: Schutzbrille („Panzerbrille“) der US-Army, nicht hitzebeständig, also nicht für die Arbeit am Feuer geeignet!
- Durchsichtig: Arbeitsschutzbrille, nicht hitzebeständig, also nicht für die Arbeit am Feuer geeignet!
- Weiß: „Skibrille“ mit klarer Scheibe, nicht hitzebeständig, also nicht für die Arbeit am Feuer geeignet!
- Auf den beiden Helmen jeweils eine hitzebeständige Brille für Vegetationsbrandbekämpfung.
- Roter Helm in Verbindung mit Hitzeschutzhaube (im Vordergrund zwei Versionen)
- Gelber Helm mit einem „Shroud“ genannten Kombinationsschutztuch (nach hinten aufgeklappt)

Die ggf. nötige persönliche Anpassung kann geschehen durch

- Verzicht auf Sehhilfe (dann muss ggf. die private Brille trotzdem sicher gelagert werden), wenn diese für die Tätigkeiten nicht erforderlich ist.
- Sicherung der Sehhilfe durch ein Brillenband gegen Verlust. Das verhindert, dass die Sehhilfe beim Abnehmen des Helmes, der Atemschutzmaske oder der Schutzbrille zu leicht abgestreift wird.
- Schutzbrillen oder Visiere mit eingearbeiteten, an den jeweiligen Träger angepassten Sehhilfen.

6.1.4 Kopfschutz

Offene Hautpartien (z.B. Hals) sind am besten durch eine Flammschutzhaube bzw. dicht schließendes Nackentuch (vgl. Abb. 62) zu schützen. Ein Nackenschutz hilft vor heißen Glut- oder Ascheteilchen, aber auch vor unangenehm spitzen Baumnadeln oder Holzpartikeln im Nacken.

Verwendung leichter Helme

Für längere bzw. häufige Einsätze bei Vegetationsbränden empfiehlt es sich, einen möglichst leichten Helm zu wählen. Dieser Helm muss natürlich nicht den gleichen Anforderungen wie für den Innenangriff genügen. Umgekehrt darf ein entsprechender „leichter“ Waldbrandhelm **nicht** für den IA, aber natürlich für den Rettungsdienst und auch die THL eingesetzt werden! Die entsprechende europäische Norm DIN EN 16471 „Feuerwehrhelme für Wald- und Flächenbrandbekämpfung“ erschien im September 2012 in einem neuen Entwurf, der mittlerweile als DIN EN 16471:2015-02 veröffentlicht wurde.

Bisher verwenden allerdings Feuerwehren im deutschsprachigen Raum mit Ausnahme weniger spezialisierter Einheiten (z.B. @fire, Flughelfer einiger bayerischer bzw. österreichischer Feuerwehren) noch kaum spezialisierte Helme zur Brandbekämpfung im Freien, sondern v.a. solche, die für die Brandbekämpfung im Innenangriff optimiert sind. Diese Helme sind aber v.a. für längere Einsätze i.d.R. zu schwer, zu ungeeignet (Schwitzen, Kommunikationsprobleme) und zu teuer – v.a. wenn Einsatzkräfte dann damit überhaupt keinen Innenangriff leisten, weil sie z.B. nicht mehr atemschutztauglich sind.

Abb. 62: Spezialisierter Waldbrandhelm mit Nackentuch.

Je nach Anwendung bzw. Einsatzhäufigkeit macht es Sinn, ggf. spezialisierte Helme einzusetzen.

Abb. 63: Helme, die v.a. für die Brandbekämpfung im Innenangriff konzipiert sind, sind zwar auch für seltene bzw. schnell zu bekämpfende Vegetationsbrände geeignet, für längere Einsätze aber oft zu schwer, zu unbequem oder mit sonstigen Problemen verbunden.

Abb. 64: Einerseits zu viel PSA (umluftunabhängiger Atemschutz), andererseits ist die Halspartie ungeschützt, weil keine Flammschutzhaube getragen wird und auch das Nackentuch nicht geschlossen ist.

Diese finden Verwendung z.B. bei der Einweisung von Luftfahrzeugen (v.a. Hubschraubern) in Verbindung als Schallschutz und in Kombination mit Flugfunk sowie als Gehörschutz-Helm-Kombinationen v.a. beim Einsatz von Kettensägen oder im Dauerbetrieb von Tragkraftspritzen o.ä.

Sampl et al. (2013) beschreiben, dass beim Bergwaldbrand häufig auch Bergsteigerhelme Feuerwehrhelmen vorgezogen werden. Erscheint dies sinnvoll bzw. erforderlich, ist ggf. eine Gefährdungsbeurteilung

Abb. 65: Für besondere Anwendungen werden spezielle Helme benötigt. Für die Einweisung von Hubschraubern mit ausgebildeten Flughelfern sind Helme mit Aufschaltung von Flugfunk sinnvoll, wie sie nach den österreichischen nun auch von einigen bayerischen Feuerwehren verwendet werden.

Abb. 66: Für die Arbeit im Umfeld lauter Umgebungen (Kettensägen, aber auch Hubschrauber) sind Helme mit Gehörschutz sinnvoll. Stehen solche Kombinationen nicht zur Verfügung, sollten wenigstens Gehörschutzstöpsel verfügbar sein und auch angewendet werden.

notwendig. In jedem Fall müssen diese für den Einsatz bei einem Vegetationsbrand eine geschlossene Helmschale aufweisen und dürfen nicht wie Fahrradhelme oder Helme für die Wasserrettung mit Öffnungen unterbrochen sein. Durch Öffnungen könnten sonst glühende Teile entweder von oben herabfallen oder vom Wind geweht direkt auf die Kopfhaut kommen.

6.1.5 Sicherheits- bzw. Schutzschuhe

Da die Böden in Wäldern oder Freiflächen generell uneben sind, empfiehlt sich wie auch sonst im Feuerwehreinsatz v.a. die Verwendung von Feuerwehrsicherheitsschuhen (vgl. DIN EN 15090) in Form von Schnürstiefeln, weil diese sich besser an den Fuß anpassen lassen. Damit ist der Fuß enger gefasst und die Gefahr umzuknicken bzw. sich dabei zu verletzen ist deutlich geringer!

Findet der Einsatz im gebirgigen Bereich statt, sind die Erfahrungen mit „normalen“ Feuerwehrschutzstiefeln eher schlecht, weil diese im abschüssigen oder gar felsigen Gelände keinen ausreichenden Halt bieten und auch schlechter für einen längeren Fußmarsch geeignet sind. Hier sind gut angepasste (persönliche, d.h. i.d.R. private) stabile Bergstiefel ggf. die bessere Ausrüstungsvariante (Sampl et al., 2013). Hierzu ist eine Gefährdungsbeurteilung notwendig, weil der Bergstiefel natürlich kein „Feuerwehrschutzschuh“ ist.

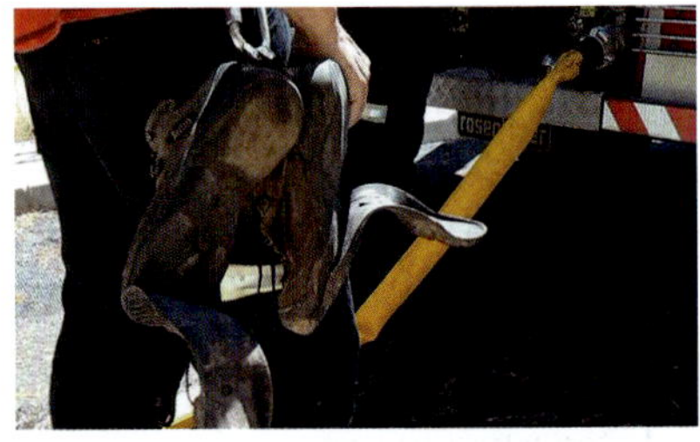

Abb. 67: Da man sich teilweise länger in verbrannten Bereichen mit heißen Böden bzw. Glutnestern aufhalten muss, ist darauf zu achten, dass die Sohle hitzebeständig und ausreichend befestigt ist.

Hitzebeständige Schuhe

Ähnliche Probleme treten auf, wenn sehr heiße Bodenflächen begangen werden. Hier heizen sich oft die Metalleinlagen der üblichen Feuerwehrschutzschuhe unangenehm oder sogar schmerzhaft auf bzw. führen zu Schäden an den dafür nicht geeigneten Schuhen. Zur Erinnerung: Man arbeitet sich aus Sicherheitsgründen oft von der schwarzen Fläche zur grünen Fläche vor, d.h. man läuft dann auf verbrannter Erde!

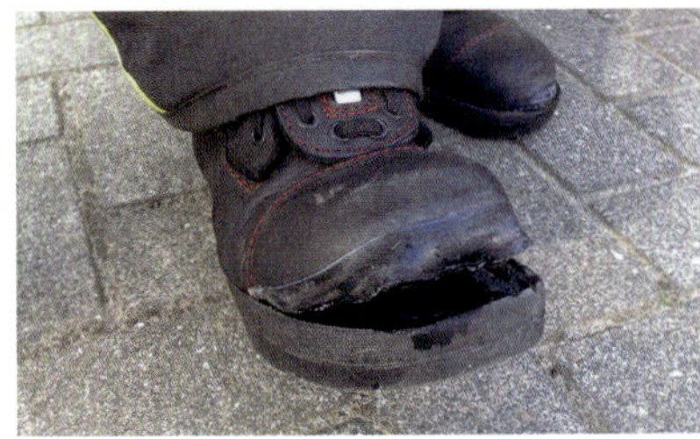

Abb. 68: Defekter Schuh bei der Brandbekämpfung auf Mallorca.

6.1.6 Weitere Ausrüstungsgegenstände

Um bei einer Lageänderung oder plötzlich auftretenden Gefahren auch unter schwierigen Verhältnissen eine schnelle Räumung des gefährdeten Bereichs durchführen zu können, muss ein eindeutiges Rückzugssignal vereinbart werden, das auch allen Einsatzkräften bekannt gemacht wird. Dazu sollte z.B. jede Einsatzkraft eine Signalpfeife mitführen. Entsprechende Schallsignale (dazu können auch Fahrzeughupen genutzt werden!) sind auszubilden (vgl. alte FwDV 1/1) oder wenigstens vor Einsatzbeginn klar zu vereinbaren. In der neuen FwDV 1 sind die Schallzeichen nicht mehr enthalten. In der alten FwDV 1/1 stand:

Notzeichen:
Das Notzeichen besteht aus einer Folge langgezogener, hoher Töne. Das Notzeichen wird von in Not geratenen Einsatzkräften gegeben.

Gefahrzeichen:
Das Gefahrzeichen bedeutet „Gefahr, alles sofort zurück!" und besteht aus einer Folge abwechselnd hoher und tiefer Töne.

Bemerkt einer der Einsatzkräfte eine besondere Gefahr (Einsturz, Explosion, ...), so hat er unverzüglich das Gefahrzeichen „Gefahr, alles sofort zurück!" zu geben. Es ist von den Einsatzkräften zu wiederholen. Alle Einsatzkräfte gehen zurück und sammeln sich am Fahrzeug. Der Einsatzleiter überprüft die Vollständigkeit der Mannschaft und trifft weitere Maßnahmen."

Um eine Dehydrierung zu vermeiden, sollten Einsatzkräfte bis zu 1 Liter Flüssigkeit pro Stunde in mehreren kleinen Portionen trinken. Dafür sind Einsatzkräfte regelmäßig abzulösen oder aber mit Feldflaschen oder Trinksystemen auszustatten.

In Deutschland sind Maßnahmen zur Schaffung eines letzten Fluchtraums bei den meisten FA völlig unbekannt und kaum in Verwendung. In Frankreich werden hierzu die Fahrzeugkabinen der Waldbrand-TLF mit Schutzdüsen versehen (vgl. Kap. 6.3.1), in den USA stattet man dagegen die Einheiten im Gefahrenbereich mit Fluchtzelten (Fire-Shelter) aus, die einen letzten Rückzugsort für den einzelnen FA bieten, vgl. inkl. Anleitung zur Benutzung, NWCG (2004). In Kanada werden dagegen diese Shelter nicht mehr genutzt, weil man die Einsatzkräfte erst gar nicht in solchen Gebieten Risiken aussetzen will, die das notwendig machen würden.

Abb. 69: Optimierte Schutzkleidung einer Löschmannschaft, rucksackähnliche Harnische erlauben die ergonomische Mitführung von Flüssigkeit, Energieriegeln, Kleinteilen usw.

Abb. 70: In steilem Gelände – hier in der Sächsischen Schweiz – muss ggf. mit dem Gerätesatz Absturzsicherung (DIN 14800-17) bzw. sogar alpinen Sicherungsverfahren vorgegangen werden, vgl. ZBINDEN u. ZAWADKE (2017). Auf sichere Fluchtwege bzw. Rückzugsräume muss natürlich geachtet werden!

Abb. 71: Wenn man sich in Hängen oder gar Felsbereichen (wie hier) für Nachlöscharbeiten sichern bzw. abseilen muss, ist sicherzustellen, dass im Verlauf des Seiles keine Glut liegt. Es sollten möglichst temperaturbeständige Seile verwendet werden, normale Kletterseile sind das nicht! In entsprechend exponierten Lagen ist doppelte Sicherung anzustreben, vgl. Abb. 157.

Fire-Shelter

In Deutschland gilt zwar die oberste taktische Maxime, dass das Personal erst gar nicht in so eine gefährliche Lage kommen darf. Gleichwohl gab es auch in Deutschland schon Tote bei der Brandbekämpfung im Wald (EBERT u. RAAB, 1976) und es gab auch schon äußerst zeitkritische Evakuierungen (z.B. über Hubschrauber, vgl. die Rettung von 5 eingeschlossenen Einsatzkräften mit dem Hubschrauber beim Großbrand am Herzogstand, Kochel am See, am 05.01.1990, FF WALCHENSEE, 2013). Daher sind in abgelegenen Regionen (v.a. in bergigen Gebieten) Szenarien denkbar, wo ein „Fire-Shelter" tatsächlich die letzte Fluchtmöglichkeit sein könnte. Mindestens die in exponierten Lagen eingesetzten Einsatzkräfte sollten über eine spezielle Ausbildung im Einschätzen der Gefahren (v.a. Ausbreitung an Hängen und durch Wind) und auch über die nötige Ausrüstung verfügen. Dazu kann in Ausnahmelagen und für entsprechend ausgebildetes Personal ggf. auch ein Fire-Shelter gehören. Grundsätzlich ist aber so vorzugehen, dass die Einsatzkräfte erst gar nicht in solche Lagen kommen!

Abb. 72: Fire-Shelter im Übungseinsatz bei @fire. Er wird im Einsatz mitgeführt, vgl. Abb. 155.

Abb. 73: Kraxen von links nach rechts: Schläuche und Armaturen, Netzmittel, Axt und Kettensäge inkl. PSA dafür.

Wenn regelmäßig in unwegsamem, schwierigem (steilem) Gelände gearbeitet wird, dann erleichtern Rückentragen („Kraxen") die Arbeit.

Die sinnvolle bzw. notwendige Zusatzbeladung für Löschfahrzeuge ist in Kap. 6.3 beschrieben.

6.2 Handwerkzeuge

Kenntnisse über die richtige Auswahl, Anwendung und auch die Grenzen der Handwerkzeuge zur Vegetationsbrandbekämpfung sind bei vielen Einsatzkräften heute gar nicht oder nur noch rudimentär vorhanden. Dies belegen schon die zahlreichen Bilder aus entsprechenden Einsätzen oder die fehlenden Gebrauchsspuren an einzelnen Werkzeugen. Dagegen gab es früher, v.a. im 2. Weltkrieg bzw. danach, eine einigermaßen umfassende Beschreibung der Anwendung (vgl. RMdL, 1941) und Einsatzberichte (vgl. Rumpf, 1952). Diese Unkenntnis der Einsatzkräfte liegt v.a. an folgenden Ursachen:

1. Fehlende Ausbildung für die Verwendung von Handwerkzeugen im Einsatzfall Vegetationsbrandbekämpfung (abgesehen von Kursen z.B. zum Bedienen einer Motorkettensäge, die aber i.d.R. nur auf die Sturmschadenbeseitigung ausgelegt sind und keinerlei Inhalte haben, wie z.B. Vegetation für eine Schneise gelegt werden muss).
2. Unterschiedliche Bauvarianten der einzelnen Geräte, z.B. verschiedene Schaufelformen, die je nach Bodentyp bauartbedingt gut oder weniger gut geeignet sind. Schon allein dieser Hintergrund ist aber vielen mangels Ausbildung bzw. auch nur Einweisung in die Besonderheiten z.B. von Schaufelformen oder auch Stiellängen für bestimmte Bodentypen bzw. Tätigkeiten unklar.

Einsatz von Handwerkzeugen

Für folgende Grundsatztätigkeiten können Handwerkzeuge genutzt werden:

- Erkunden/Beobachten (z.B. auch Schaffen eines Weges, um überhaupt einen Zugang zu einem bestimmten Bereich zu bekommen, aber auch Hilfsmittel wie Ferngläser, oder Windmessgerät und Kompass)
- Offensives Vorgehen (Direkter Löschangriff auf Flammen/Glut)
- Defensives Vorgehen (Anlegen von Wundstreifen)
- Nachlöscharbeiten (inkl. Ausgraben Glutnestern)

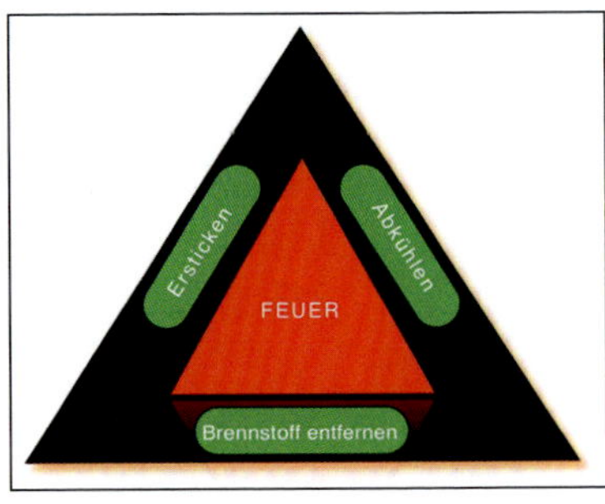

Abb. 74: Auch Handwerkzeuge wirken bei der Brandbekämpfung letztlich wie die bekannten Faktoren Sauerstoff (Ersticken), Hitze (Abkühlen), Brennstoff (Entfernen) des Emmons-Tetraeders.

Bereits in der Standardbeladung der Einsatzfahrzeuge nach Norm gibt es viele Handwerkzeuge, die sich für die Vegetationsbrandbekämpfung grundsätzlich eignen.

Allgemein handelt es sich dabei um

- Geräte zum Graben, Schaufeln, oder Werfen von Sand, wie Schaufeln oder Spaten
- Geräte zum Hacken, Harken
- Feuerpatschen
- Geräte zum Trennen wie Äxte, Sägen, Buschhacken (Brush-Hooks), Macheten

Tab. 2: Anwendung der Handwerkzeuge

„Digging“ Grabwerkzeug	„Scraping“ Abtrag-/Kratz-Werkzeuge	„Cutting“ Schneidwerkzeuge	„Spraying“ Hand-Löschgeräte	„Smothering“ Werkzeug zum Ersticken
Shovel (Schaufel)	Rake (Rechen)	Axe (Axt)	Knapsack (Rückentragespritze oder Wasserweste)	Shovel (Schaufel)
Spade (Spaten)	Hoe (Hacke)	Pulaski		Spade (Spaten)
Mattock je nach Bodenart ggf. auch McLeod oder Pulaski	McLeod	Brush Hook bzw. Macheten		Fire Beater (Feuerpatsche)
Gorgui	Gorgui	Gorgui		Gorgui

- Einreißhaken zum Wegziehen von kleineren Bäumen oder Buschwerk (die als Feuerbrücken dienen würden)
- Tragbare Löschgeräte (v.a. Rückentragespritzen o.ä.)

Übersetzung der Spezialwerkzeuge (ohne Flämmkannen), so v.a. in den USA bekannt:

Brush Hook:	Machetenartig bis zur Sichelform an einem mehr oder weniger langen Stiel.
Mattock:	Eine Art Spitzhacke mit breiterer Grabschneide
McLeod:	Grobzackiger Rechen auf der einen Seite, auf der anderen mit einer breiten Hackschneide zum Abziehen von Flächen)
Pulaski:	eine Axt mit quer liegender Grabschneide
Gorgui:	Multifunktionswerkzeug, Hacke, Kratzer und Rechen

Neben den bauart- bzw. einsatzspezifischen Grenzen der Einsatzmöglichkeiten der unterschiedlichen Handwerkzeuge und damit der diese einsetzenden Einheiten gibt es nach Rockholtz (2010) weitere allgemeine Faktoren, die den Einsatz von autarken Löschmannschaften mit Handwerkzeugen einschränken, diese sind u.a.:

- das Vorhandensein von Hochspannungsleitungen,
- munitionsbelastete Gebiete sowie
- absturzgefährdete Hänge und
- Wetter(-entwicklung) (v.a. starker Wind: Gefahr von Spot- bzw. Flug-Feuern).

Die Beschreibung der taktischen Varianten (vgl. Kap. 7.1.3) bzw. der grundsätzlichen manuellen Vorgehensweise (vgl. 7.5) findet sich im Kap. 7.

Offensives Vorgehen (vgl. Kap. 7.1.3) erfolgt mit Handwerkzeugen z.B. mit

- Feuerpatschen zur Bekämpfung von Flammen bis 1 m Höhe,

Abb. 75: Spezialisierte Feuerbekämpfungs-Schaufel (Firefighting-Shovel) aus den USA nach US Forrest Service specification #5100-0326. Sie ermöglicht u.a. zielgerichteten Sandwurf und gutes Abkratzen der Bodenoberfläche.

Abb. 76: Schaufelvarianten (von links):

- Spanische Schaufel (ähnlich der US-Schaufel) zur Vegetationsbrandbekämpfung (gerader Stiel mit balligem Knauf, stark gerundetes kleines Blatt) – sehr gut geeignet zum Sandwerfen
- Frankfurter Schaufel (Stechschaufel 5 nach DIN 20121) – bedingt geeignet
- Holsteiner Schaufel (Sandschaufel nach DIN 20120) – ist eher ungeeignet, weil das Abstechen festerer Erde oder verbackener Sandschichten und Zielwurf damit so gut wie gar nicht möglich ist.
- Bayerische Schaufel (Stechschaufel, stärker angewinkelt zu Stiel mit Trittkante ähnlich Spaten) – gut geeignet

Abb. 77: Spatenvarianten.

- älterer BW-Spaten mit kurzem Stiel
- Pflanzspaten mit langem Stiel
- Grabspaten mit T-Griff

Der Stiel sollte für den Einsatz in der Vegetationsbrandbekämpfung nicht zu kurz und das Blatt möglichst spitz sein.

Abb. 78: Der Einsatz von Flämmkannen, insbesondere das Anlegen von Gegenfeuern, erfordert eine spezielle Aus- und Fortbildung sowie Erfahrung und wird so schon von RMdL 1941 beschrieben!

Abb. 79: Der Einsatz von tragbaren Kleinlöschgeräten, hier Rucksackspritzen, ist für Nachlöscharbeiten ein sehr effizientes Mittel, wenn die Geräte und das Löschmittel (mit Netzmittel!) richtig eingesetzt werden.

- Schaufeln (eingeschränkt ggf. auch Spaten oder Hacken) für den Erd- bzw. Sandwurf oder durch Begraben von kleineren Flammen bzw. Glutnestern,
- tragbaren Kleinlöschgeräten durch Einsatz von flüssigen Löschmitteln.

Defensives Vorgehen (vgl. Kap. 7.1.3) erfolgt mit Handwerkzeugen, z.B. mit

- Hacken, Harken, Schaufeln oder Spaten zum Schaffen von Wundstreifen, die anschließend leichter verteidigt werden können,
- Heugabeln, ggf. auch Rechen, um brennende Strohreihen einfach unterbrechen zu können,
- Flämmkannen (engl. Drip Torch) dienen zum Anlegen von Gegenfeuern bzw. Abbrennen von Bewuchs, um einen Wundstreifen zu schaffen. Sie werden in Deutschland bisher nur selten angewendet, weil bei den meisten Einheiten weder die Ausbildung, noch die Ausrüstung dafür vorhanden ist.

Abb. 80: Mit Hacken (spezialisiert z.B. aus den USA eine Pulaski-Waldbrandaxt; in Deutschland handelsüblich und ähnlich, aber nicht so schwer und damit weniger gut im Eindringen die Wiedehopfhacke, ein Pflanzwerkzeug aus der Forstwirtschaft) können auch versteckte Glutnester geöffnet und anschließend abgelöscht werden.

Nachlöscharbeiten sind für den dauerhaften Einsatzerfolg sehr wichtig. Erfolgen die Nachlöscharbeiten unzureichend, kann es mehrfach zu Rückzündungen kommen. Beim Waldbrand im Gesäuse (Steiermark, Österreich) Juli/August 2013 kam es nach APA (2013) in 5 Tagen dreimal zu Rückzündungen. Weitere Fälle sind in Cimolino (2014) erfasst.

Je schlechter das Gelände mit Fahrzeugen erreichbar ist und je weniger Wasser deshalb dafür eingesetzt werden kann bzw. je weniger es z.B. im Einsatzverlauf regnet,

Abb. 81: Auch bei „kleinen“ Einsätzen ist die Zusammenarbeit sinnvoll bzw. notwendig. Hier: Hacken, Schaufeln, Löschgeräte. Öffnen von Glutnestern am Hang im deutsch-tschechischen Grenzgebiet.

Abb. 82: Der Stiel einer Buschhacke (Brush-Hook) sollte ähnlich einem Axtstiel ausgeführt sein und darf nicht zu kurz sein. Er darf auch ergonomisch geschwungen sein (oberer Stiel ist zu kurz). Gedacht und geeignet sind diese Werkzeuge zum Entasten und Entrinden bzw. Rücken (die „Hakennase“ dient zum Bewegen der Holzstücke). Die Wiedehopfhacke gibt es mit gerader und gerundeter Klauenseite. Rund zum Graben bzw. Hacken vor allem für harte eher steinige Böden, gerade für weiche und saftige (Wiesen-)Böden sowie zum Trennen von Wurzeln. Für den Einsatz in der Vegetationsbrandbekämpfung in Deutschland ist daher i.d.R. die runde Klaue universeller geeignet.

umso mehr muss manuell und mit sehr gezieltem sparsamen Wassereinsatz gearbeitet werden:

- Das Aufgraben der Glutnester erfolgt mit Handwerkzeugen, z.B. mit
- Hacken, Harken, Äxten, Schaufeln oder Spaten zum Ausgraben von Glutnestern (z.B. in Baumstümpfen, in Torfgebieten),
- Handlöschgeräten, um Glutnester einfach und effizient bekämpfen zu können.

Abb. 83: Team zum Anlegen von Wundstreifen und den direkten Angriff bei kontrollierbarer Feuerintensität und mit der Option auf Gegenfeuer. Ausrüstung: McLeod-Hacken, Pulaski- bzw. Wiedehopf-Hacken, Waldbrand-Schaufel, Brushhooks und Motorkettensäge (60 cm Schwert, Vollmeißelkette).

Als Handwerkzeuge bzw. Geräte für eine Gruppe empfehlen sich:

- 4 Waldbrandpatschen
- „Richtige" Schaufeln für den Boden (z.B. Bayrische Sandschaufel, sofern keine spezialisierte Schaufel wie die Firefighting Shovel aus den USA) oder Spaten
- 4 Hacken (z.B. McLeod oder Gorgui, wenn nicht verfügbar auch Wiedehopfhacken)
- 2 Wasserrucksäcke
- Motorsäge mit Zubehör inkl. PSA, Schnittschutzkleidung sollte für die Vegetationsbrandbekämpfung natürlich nicht ölgetränkt sein! Normale Schnittschutzkleidung ist nicht hitzebeständig bzw. auch nur flammhemmend!

Für das Beobachten von Einsatzstellen oder Lageentwicklungen sollten als „Werkzeuge" unbedingt geeignete Hilfsmittel wie Ferngläser zur Verfügung stehen.

6.3 Fahrzeuge und deren (Sonder-)Ausrüstung

Aus den Einsatzerfahrungen ergeben sich die im Folgenden beschriebenen Grundlagen für die Auswahl bzw. Planung von Fahrzeugen für den Einsatz bei Vegetationsbränden. Eine weitere Fahrzeugübersicht zur Waldbrandbekämpfung im europäischen Umland findet sich bei Jendsch (2009).

Vegetationsbrandbekämpfung ist das Einsatzgebiet, bei dem mit der größten Wahrscheinlichkeit Fahrzeuge abseits befestigter Straßen und auch in schwerem Gelände eingesetzt werden müssen. Die örtliche Topographie bedingt gewisse Unterschiede. Im brandenburgischen Sandboden hat man mit weitläufigen Monokulturen und vorhandenen, recht breiten Walderschließungswegen andere Bedingungen, als in Gebieten mit starken Steigungen, engen Kehren und schmalen Wegen, wie sie z.B. im Mittelgebirge oder Alpenraum die Regel sind.

Technische Anforderungen

Allgemein kann man für Einsatzfahrzeuge, die abseits befestigter Straßen eingesetzt werden sollen, folgende technische Anforderungen definieren:

- Allradantrieb
- Spurgleiche Singlebereifung
- Differenzialsperren im Verteilergetriebe sowie in jeder Achse.

- Tiefer Schwerpunkt
- Große Bodenfreiheit
- Großer Rampenwinkel
- kurze Überhangwinkel (vorn und hinten)
- Ausgewogene Gewichtsverteilung (vorn/hinten; links/rechts)
- Niedriges Gesamtgewicht
- Möglichst geringe Achslasten und gleichmäßige Achslastverteilung
- Geringer Bodendruck, dazu ggf. den Reifendruck bei weichen Böden absenken!
- Geeignete Bereifung für das Einsatzgebiet
- Pump&Roll-Fähigkeit, sofern der Einsatz am Feuer geplant ist
- Möglichst kompakte Außenabmessungen (schmal, niedrig, kurz)
- Unempfindliche Karosserieoberflächen (möglichst keine Kunststoffblenden oder Anbauteile aus Kunststoff, glatte Oberflächen und Dachaufbauten)
- Möglichst geringe Abgastemperatur bzw. Temperatur der bodennahen Abgasanlage bzw. Führen derselben nach oben, um eine Entzündung der trockenen brennbaren Vegetation am Fahrzeug durch die heißen Abgase bzw. die Anlage an sich zu vermeiden.
- Möglichst keine durch Funken leicht entflammbaren Luftfilter aus Papier, sondern Ölbadluftfilter o.ä.

Einige technische Möglichkeiten sind nur für besondere Einsatzgebiete notwendig, oder dann, wenn neben der Vegetationsbrandbekämpfung auch andere Einsatzaufgaben damit erledigt werden sollen:

- Erhöhte Watfähigkeit, wenn Wasser durchfahren werden muss.
- Ggf. Seilwinden inkl. Anschlagmittel, wenn in schwerem Gelände autark gearbeitet werden soll – und man sich und ggf. auch andere bergen können muss, oder einfach nur Hindernisse auf dem Weg beseitigt werden sollen.

Jedes bei Vegetationsbränden im Gefahrenbereich oder auf unbefestigten Wegen eingesetzte Fahrzeug sollte über folgende Zusatzbeladung verfügen (nur Teile davon sind auch in den Fahrzeugnormen vorgesehen!):

- Geeignete Gleitschutzketten für alle angetriebenen Räder (keine Schleuderketten, diese sind nur als Anfahrhilfen bei dünnen Schneedecken geeignet!)
- Staubschutzmasken für die Besatzung
- Dichte Schutzbrillen für die Besatzung
- Atemschutzmasken mit A2B2E2K2-P3-Filter für die Besatzung (oder andere geeignete Fluchtmasken für diese Anwendung)

Warum brennen Einsatzfahrzeuge?

1. Ungeschützte Leitungen am serienmäßigen Fahrgestell (heute alles aus Kunststoff) für Druckluft(Bremsanlage), Kraftstoff, Elektrik

   v.a. die Druckluftleitungen der Bremsanlage führen bei einem Leck beim LKW sofort zum Auslösen des Federspeichers, damit zum Stillstand des Fahrzeugs, i.d.R. mit folgendem Totalverlust.

   → Lösung: geschützte Leitungen!
   Bei Serienfahrzeugen nachrüsten unbezahlbar, wenn nicht ab Band möglich.
   Ab Band möglich z.B. beim Unimog x0xx (also aktuell z.B. U 5023)
   Für alles, was ernsthaft TLF „W" genannt werden soll: UNVERZICHTBAR!

2. Luftansaugung

   Heutige Standard-LKW haben die Luftansaugung irgendwo an der Fahrzeugfront (die alten Iveco-LF 16-TS unmittelbar hinter der Front und sehr tief!) und unter energetischen bzw. sonstigen (Wartungs-)Einflüssen optimiert, nicht aber vor dem Hintergrund, dass brennbarer Staub eingesaugt, abgefiltert und durch Funken entzündet werden kann.

   → Lösung: Luftansaugung hoch, Funken durch Wasser- oder Ölbad filtern – für Standard-LKW-Fahrgestelle heute nicht mehr vorgesehen ... nur Fahrzeuge für schweres Gelände oder Tropen/Wüsten bieten das m.W. noch ...

3. Zuviel Schwebstoffe in der Luft

   In Extremfällen können zu viel Schwebstoffe wie Staub und Asche auch zum Verlegen des Luftfilters und damit zum Motorstillstand führen.

   → Lösung: siehe Punkt 2.

4. Auspuffanlage zu heiß (insbesondere bei LKW ab Euro V, bei PKW alles mit Katalysator!)

   Fahrzeug entzündet leicht entzündliches Material (Stroh, trockene Wiese, Bodenoberfläche im Wald), kokelt erst unbemerkt, dann 1. dann Fahrzeugverlust ...)

5. Fahrzeug zu schwer, zu großer Bodendruck, zu schlechte Gewichtsverteilung (typisch hier v.a. zwillingsbereifte geländefähige Fahrzeuge mit sehr viel Wasser, sehr weit hinten), die falsche Bereifung (keine Geländebereifung, sondern maximal M+S oder Mischbereifung), keinen ausgebildeten Maschinisten, der weiß, wie man im Gelände fährt, wann man die Sperren wie schaltet, wann man untersetzt bzw. Allrad zuschaltet usw. (man kauft Fahrzeuge für 300.000 – 600.000 Euro – und gibt wie viel Geld für die Schulung der Maschinisten aus?)

   Das führt dazu, dass sich Fahrzeuge festfahren, eingraben/-sinken, führt dann oft in Kombination mit 4. → 1.

Ende bei 1. ist fast immer Totalverlust, bei 2 – 5 kann man den Verlust verhindern, wenn man es schnell genug merkt, sonst Totalverlust.

Abb. 84: Fahren im Gelände ist völlig anders wie das Fahren auf befestigten Straßen. Es muss daher geübt werden: TLF 3000-W der Feuerwehr Düsseldorf im Gelände (Bergfahrt auf weichem Boden).

Die Fahrer müssen wissen, welche Fähigkeiten die Fahrzeuge haben – und wie man die technischen Möglichkeiten (z.B. Untersetzungsgetriebe, Differentialsperren usw.) bedient. Führungskräfte müssen wissen, welche Fähigkeiten die Fahrzeuge (wie „weit“ kommt man damit sicher nach „vorn“ – und auch wieder zurück!), deren Beladung und die damit eingesetzte Mannschaft haben.

Besondere Beachtung muss auch der jeweils mitgeführten Ausrüstung gelten, weil sich über die Jahre Änderungen der Normgrundbeladung ergeben haben können, oder weil es örtliche Abweichungen oder Ergänzungen gibt. Beispiele:

- Für (P)TLF 4000 bzw. deren Vorgängerfahrzeug TLF 20/40(-SL) ab der DIN 14530-21:2006-04 kann spätestens für Fahrzeuge ab ca. Ende 2005 nicht mehr davon ausgegangen werden, dass Saugschläuche mitgeführt werden!
- In einzelnen Bundesländern können auch auf den HLF (bzw. LF 16/12) die normativ vorgeschriebenen Saugschläuche über Ausnahmeregelungen entfallen.

Zusammen mit „inoffiziellen“ Abweichungen einzelner Feuerwehren auch von diesen Regeln erschwert dies den Führern die Einteilung von Einheiten für bzw. in Abschnitte und die Zuweisung konkreter Aufgaben, vgl. Abb. 6. Einem vorgeplanten Wassertransportzug mit mehreren (G-)TLF müssen ggf. mangels seiner eigenen Fähigkeit Wasser ansaugen zu können, dann entsprechend nur dafür vorgesehene Fahrzeuge bzw. Pumpen mit Personal zugeteilt werden – auch

Abb. 85: (Pionier-/Berge)Panzer mit Räumschild oder Baumaschinen können bei größeren Vegetationsbränden Hilfsmittel nicht nur zum Schlagen von Schneisen (Wundstreifen oder Waldbrandriegeln), sondern auch zum Bergen von festgefahrenen Einsatzfahrzeugen sein. Pionierpanzer legen dabei mit dem Räumschild die Stämme um, daher müssen so geschaffene Schneisen noch vom Holz geräumt werden. Das hinterlässt eine Mondlandschaft, die nur mit hoch geländegängigen Fahrzeugen befahrbar ist.

wenn diese nicht „vorgeplant“ sind. Wird dies erst im Laufe des Einsatzes bekannt, ergeben sich durch Nachalarmierungen, Heranführung an die Einsatzstelle, Einweisung etc. schnell Verzögerungen von über einer Stunde.

Festgefahrene Fahrzeuge müssen aufwendig befreit werden. Hierfür werden geeignete Sonderfahrzeuge (RW, Baumaschinen, (Berge-) Panzer) benötigt. Aber auch die können sich im unbefestigten Boden festfahren oder die Ketten abwerfen und dann die Bergung noch mehr erschweren bzw. verzögern, vgl. Maass (1993).

Besondere Zusatzbeladung

Für die Vegetationsbrandbekämpfung hat sich in den letzten Jahren eine besondere (Zusatz)Beladung etabliert, die v.a. aus „D-Material“ sowie ergänzenden Werkzeugen besteht, die für ergänzende Fahrzeuge ggf. auch erst bei Bedarf verlastet werden kann. Zwei der Autoren arbeiteten dazu in einer Arbeitsgruppe des FNFW, Normenausschuss Löschfahrzeuge mit. 2011 wurde die entsprechende Zusatzbeladung für Löschfahrzeuge DIN 14800-18:2011-11, Beiblatt 10 (Beladungssatz J – Waldbrand), veröffentlicht:

- 5 x D (15 m), ggf. in STK oder „Schnellangriffstasche“, besser 10 x D (15 m)
- 2 x C-D-Übergangsstück
- 1 x C-DCD-Verteiler, besser 3 x C-DCD-Verteiler
- 2 x D Hohlstrahlrohre oder eingeschränkt auch D-Mehrzweckstrahlrohre
- 1 x Wiedehopfhacke (empfohlen mit runder Haue) mit Schneidenschutz
- 2 x Waldbrand-/Feuerpatsche
- 2 x Rückentragespritze oder Löschrucksack, ggf. mit Befülleinrichtung
- 10 x Partikelfiltrierende Halbmaske EN 149 FFP 2 R D)
- 3 x Schutzbrillen (geeignet auch für die Kombination mit Feuerwehrhelm
- ggf. Anfahrhilfen (Sandblech)

Diese Zusatzbeladung setzt weitere Beladungsteile von Löschfahrzeugen voraus. Fehlen diese, weil Nicht-Löschfahrzeuge, z.B. MZF oder LKW, ergänzend ausgestattet werden sollen, muss diese zusätzlich ebenfalls mit vorgesehen werden:

- Schlauchmaterial „C“ und ggf. „B“ inkl. Armaturen von Norm-Löschfahrzeugen.
- Kettensäge mit Zubehör (mind. mit 2 x geeigneter (flammhemmender und nicht ölgetränkter) Schutzkleidung, Werkzeug, etc.)

- Handsägen, Äxte, Schaufel, Dunghacke, Spaten aus Normfahrzeugen, ggf. je nach Boden auch Spitzhacke
- ggf. (tragbare) Pumpen, Wasserbehälter (faltbar oder fest)

Ergänzend sollten zur Verfügung stehen:

- BB-CBC-Verteiler (statt normaler B-CBC), um Angriffsleitung(en) unterbrechungsfrei einspeisen zu können. Alternativ kann dafür natürlich auch ein Puffer-Fahrzeug, z.B. TLF, verwendet werden.
- Feuerwehrschutzanzug nach UVV Feuerwehren (§ 14)
- In sehr schwierigem Gelände erleichtern Rückentragen („Kraxen") die Arbeit.
- Leichte Tragkraftspritzen, ggf. mit Transporthilfsmitteln wie Rollen zur leichteren Bewegung bzw. Lafette oder Plattform mit höhenverstellbaren Füßen, um sie auch in einem Hang betreiben zu können.
- Ggf. Düsenschläuche zum Objektschutz, wenn ausreichend Wasser vorhanden ist.
- In Bereichen mit Absturzgefahr: Ausrüstung zur Absturzsicherung mit geeigneten (einigermaßen temperaturbeständigen!) Seilen (vgl. Abb. 63 und Werft et al., 2009).
  Bei Arbeiten mit Schneid- und Schlagwerkzeugen in exponierten Lagen ist z.B. ein Stahlstropp von ca. 1,5 m Länge zwischen Körper- und Halteseil sinnvoll, vgl. Zbinden u. Zawadke (2017).
- Ggf. Sonnenschutzmittel, -brille, Mückenschutz
- Ausreichend Getränke!

Abb. 86: D-(Schlauch-) Material ist leichter zu handhaben, lässt sich durch doppeltes Abknicken leicht auch ohne Absperrorgan absperren und verlängern, lässt wassersparenden Einsatz zu und reicht für die Bekämpfung vieler Brände aus. Staubschutzmasken (am besten noch ergänzt um Schutzbrillen) schützen die Einsatzkraft bei vielen Einsätzen im Freien ausreichend vor Staub und feinen Glut- bzw. Aschepartikeln.

Einige österreichische Feuerwehren in Kärnten verfügen nach Sampl et al. (2013) **über mobile „Waldbrandsprinkler". Diese können im Wald aufgebaut werden und dienen dem ständigen Benässen der zu** schützenden Zone bzw. Linie. In Kärnten sollen in den letzten Jahren damit gute Erfahrungen gemacht worden sein, ebenso beim staatenübergreifenden Einsatz eines österreichischen Feuerwehrkontingents im Juli 2013 in den Julischen Alpen in Norditalien. In diesem Zusammenhang sollte in die örtliche Planung aufgenommen werden, dass bewegliche Feldbewässerungsanlagen und Beschneiungsanlagen zur Riegelstellung herangezogen werden können, wenn diese zur Verfügung stehen.

6.3.1 Löschfahrzeuge

Löschfahrzeuge für die Vegetationsbrandbekämpfung sollten immer über dafür geeignete ergänzende Beladung verfügen, vgl. Kap. 6.2 und 6.3. Einsatz-, hier v.a. aber Löschfahrzeuge, können mit technischen Maßnahmen vor Flammen geschützt werden, um v.a. bei diesen Bauteilen Schäden zu verhindern:

Mögliche Schäden

- Druckluft(brems)leitungen
- Fahrgestell- bzw. Aufbau-Elektrik bzw. -Elektronik
- Kraftstoffleitungen

Wird dies unterlassen, kommt es bei Fahrzeugen ab spätestens den 1980ern schnell zu gefährlichen Situationen und Schäden.

Abb. 87: Vermutlich eine durchgeschmorte Bremsleitung führte 1992 beim Stoppelfeldbrand an diesem TLF 16/25 der BF Hamburg zum Zwangshalt (ausgelöster Federspeicher) und danach zu erheblichen Brandschäden.

Oft kommt es bei den Rettungsversuchen zur Gefährdung oder gar zu Verletzungen bei den Einsatzkräften, so z.B. beim Feuer am 03.08.2013 bei Leppin beim Rettungsversuch des später total zerstörten LF 10 der FF Glöwen, vgl. DPA (2013).

Allgemein kann man zwischen passiven und aktiven Maßnahmen unterscheiden.

Schutzmaßnahmen

Passive Schutzmaßnahmen sind z.B.

- verstärkte bzw. geschützte Leitungen,
- geschützter Verbau von wichtigen Komponenten,
- Anbau von Zusatzschutzelementen vor wichtigen Komponenten (z.B. Schutzplatten unter bzw. vor dem Kühler, den Differentialen) oder dem Getriebe.

Diese passiven Schutzmöglichkeiten gibt es nur bei wenigen Fahrgestellen serienmäßig, z.B. beim Unimog U 5023 oder bei Versionen des Iveco Euro Cargo FF 4x4 oder Renault Midlum, vgl. Abb. 88. Andere Fahrzeuge so aus- bzw. umzurüsten ist wirtschaftlich i.d.R. nicht sinnvoll, weil die Fahrgestelle bzw. deren Anbauteile (Aggregate, Kabel, Leitungen) dazu in weiten Teilen zerlegt und danach wieder zusammengebaut werden müssen.

Abb. 88: Passive Schutzmaßnahmen an einem Renault-Fahrgestell für ein französisches Waldbrand-TLF. Alle roten Leitungen sind spezielle Schutzüberzüge über die Standardleitungen des Fahrgestells.

Aktive Schutzmaßnahmen sind Lösch- bzw. Kühldüsen. Diese dienen dem Eigenschutz durch Ablöschen der brennenden bzw. glühenden Bodenoberfläche beim Fahren. Damit diese funktionieren, muss das Fahrzeug über die „Pump&Roll-Fähigkeit" verfügen.

Löschdüsen gibt es in mehreren Ausführungen, die nach dem Anbauort unterschieden werden:

- Frontsprüh- oder -löschdüsen sitzen an der Fahrzeugfront, i.d.R. im Bereich der vorderen Stoßstange oder darunter. Sie löschen offene Flammen bzw. schlagen diese nieder.
- Bodensprüh- oder Löschdüsen sollen Flammen unter dem Fahrzeug verhindern.

Löschdüsen in Richtung Boden sind wirkungslos gegen:

- Wärmestrahlung auf das Fahrzeug von oben (z.B. Wipfelfeuer, Vollbrand, Flugfeuer) bzw. der Seite (z.B. bei Vollbrand, Flugfeuer, Buschwerk, aber auch schon trockenes Getreide o.ä.),
- tiefer liegende Glut,
- offene Flammen unter dem stehenden Fahrzeug im Stand (z.B. Bodenfeuer, Glutnester), für Flammen außerhalb des Wirkungsbereichs etwaiger Löschdüsen unter dem Fahrzeug,
- Wiederaufflammen nach dem Überfahren (z.B. Bodenfeuer, Glut im Boden!

Abb. 89: Löschdüsen sollen Flammen vom Fahrzeug wegdrücken bzw. direkt löschen. Sie sind deshalb nach vorne bzw. unten gerichtet. Hier Frontlöschdüsen an einem PTLF 4000 der Feuerwehr Düsseldorf.

Aufbau- und Kabinensprüheinrichtungen werden v.a. in Frankreich an Waldbrand-Tanklöschfahrzeugen verbaut, deren Einsatz bei ausgedehnten Wald- und Flächenbränden mit regelmäßig hoher Strahlungswärme erfolgt. (Kabinen-) Schutzdüsen dienen im Gegensatz zu den oben beschriebenen Löschdüsen nicht zum Löschen eines Feuers oder dem Niederschlagen von Flammen, sondern durch Kühlung und Benetzung der Fahrzeugaußenhaut oder von Fahrgestellkomponenten dem Eigenschutz des Fahrzeugs, seiner wichtigen Bauteile bzw. auch dessen Reifen. Die zum Ausstoß kommende Löschmittelmenge bei Schutzdüsen ist i.d.R. deutlich geringer als bei Löschdüsen. Üblicherweise werden dazu Wasserleistungen von 1 – 1,5 L/(m^2 Oberfläche) angesetzt. Natürlich kann damit kein direkter Löscherfolg erzielt werden.

Diese Düsen schützen vor thermischen Schäden und schaffen ggf. eine letzte Chance auf einen Rückzugsort, wenn die Mannschaft und das Fahrzeug vom Feuer überrollt werden sollte.

Schutzdüsen in Richtung Fahrzeug sind sinnlos in der direkten Brandbekämpfung und wirkungslos gegen:

- Flammen unter dem Fahrzeug in Bereichen, die nicht geschützt werden,
- Wärmestrahlung auf das Fahrzeug bzw. Fahrzeugdach (i.d.R. nicht geschützt) z.B. durch Wipfelfeuer, Vollbrand,
- Wiederaufflammen nach dem Überfahren (z.B. Bodenfeuer, Glut im Boden)!

Abb. 90: Schutzdüsen schützen bei französischen Waldbrand-TLF die Kabine mit einem auf diese aufgesprühten Wasserschleier (die Düsen sind daher nach innen gerichtet). Gut zu erkennen sind auch die weiß umrandeten Türgriffe zum besseren Auffinden derselben bei starker Verrauchung sowie als passiver Schutz ein Rammschutz vor dem Kühlergrill. Das Fahrzeug verfügt darüber hinaus auch noch über geschützte Leitungen, vgl. Abb. 88.

Schutzdüsen gibt es in mehreren Ausführungen, die nach dem Anbauort unterschieden werden:

- Kabinen- (bzw. Aufbau-)schutzdüsen kühlen die Aufbauten, in dem diese mit Wasser (relativ geringer Wasserdurchfluss, Verteilung rund um das Fahrzeug) benetzt bzw. besprüht werden. Kabinen- bzw. Aufbauschutzdüsen können z.B. in ein Rohr oder einen Überrollbügel integriert sein. Sie sind v.a. in Frankreich, Spanien und Portugal verbreitet.
- Fahrgestell- bzw. Technikschutzdüsen kühlen die lebenswichtigen Leitungen (z.B. Kraftstoff, Elektrik, Hydraulik, Druckluft) moderner LKW, um zu verhindern, dass das Fahrzeug wegen eines hitze- bzw. feuerbedingten Schadens an einer Leitung zum Stillstand kommt, der dann zum Totalschaden führt.

Abb. 91: Auch Fahrgestellkomponenten wie hier an einem PTLF 4000 (TLF 20/40-SL) der Feuerwehr Düsseldorf können mit Schutzdüsen auf wichtige Fahrgestellkomponenten geschützt werden.

Den Verfassern sind bisher keine gesicherten Erkenntnisse über die wirksamste Form und Austrittsmenge von Lösch- bzw. Schutzdüsen bekannt. Vieles basiert auf persönlichen Meinungen, einzelnen Überlegungen der Beschaffer oder Erfahrungen der Anwender mit der einen oder anderen Lösung. Die Verfasser bezweifeln die nachhaltige Löschwirksamkeit der Bodensprühdüsen beim Überfahren von Vegetationsbränden. Die Gefahr, dass nur die Flamme gelöscht wird, die Glut aber ohne gezieltes Nachlöschen bzw. manuelles Nacharbeiten bleibt – und das Feuer danach wieder aufflammt, ist sehr groß. Bodensprühdüsen bieten aber einen Schutzeffekt für das Fahrzeug durch Niederschlagen der Flammen, die damit nicht direkt auf die technischen Bestandteile (v.a. Betriebsstoffe, Elektrik, Luft) wirken können.

Hier besteht daher zwingend Forschungsbedarf über Sinn und Unsinn bzw. optimale Ausführungen für die verschiedenen Einsatzzwecke.

Geländegängige Löschfahrzeuge können auch als Mannschafts- und Geräteträger genutzt werden. Sie verfügen über eine ausreichend große Kabine für die Mannschaft und eine gute Grundausrüstung an Schläuchen, Arbeitsgeräten und eine Feuerlöschpumpe und bei vernünftiger Planung ausreichend Stauraum und Gewichtsreserve für die relativ geringe Zusatzbeladung „W“, vgl. oben.

Tanklöschfahrzeuge dienen taktisch (und normativ) vornehmlich der Förderung und dem Transport von Löschwasser auch im Pendelverkehr und der Durchführung eines Schnellangriffs. Heute muss aufgrund der Entwicklung und Beschaffungen der Feuerwehren davon ausgegangen werden, dass die Zahl der mehr oder weniger geländegängigen TLF bei den Feuerwehren z.B. aufgrund der Gewichtszunahme und immer größeren Fahrzeugabmessungen eher ab- als zunimmt.

Schon 1975 haben sich bei den großen Waldbränden in Niedersachsen geländegängige TLF 8 (oft noch TLF 8/8 LS) als Angriffsfahrzeuge bewährt, vgl. Ebert u. Raab (1976) und Achilles (1976). Die Mehrzahl der TLF 8-W, die danach aufgrund der Erfahrungen von 1975 angeschafft wurden, sind mittlerweile oft über 40 Jahre alt. Taktisch bzw. technisch gleichwertige Fahrzeuge wurden aber jahrelang kaum mehr beschafft. Seit Mitte 2008 wurden nach Vorschlägen auch der Verfasser aufgrund dieser Situation wieder normative Überlegungen angestellt, bewusst wieder auch kleinere Fahrzeuge zu planen. Mittlerweile wurde mit den TLF 2000 wieder ein TLF eingeführt, das ähnlich wie es die TLF 8(/18) waren, kleine, kompakte, wendige, geländegängige und dabei relativ preiswerte TLF ermöglicht. Auf Basis der als Nachfolger des TLF 16/24-Tr eingeführten TLF 3000 ist es außerdem möglich, auch ein „klassisches Waldbrand-TLF“ aufzubauen.

Normativ haben die neuen Tanklöschfahrzeuge in Deutschland seit 1991 als Ergänzungs- (zu LF) bzw. Sonderfahrzeuge eine Truppkabine. Im Ausland (und beim alten TLF 16/25) waren und sind auch Staffelkabinen dafür vorgesehen.

Staffelkabinen vergrößern das Problem der Gewichtsverteilung, verlängern das Fahrzeug, ermöglichen aber das Mitführen einer Besatzung für die eigenständige Durchführung von Löschangriffen. Autarke TLF-Taktiken mit einer Einheit aus mehreren solchen Fahrzeugen sind z.B. in Frankreich bekannt, vgl. Abb. 109 und 148. Der AK Waldbrand wurde im Frühjahr 2020 beauftragt, für die TLF-W nach Fachempfehlung des DFV (2020) eine Taktik zu erarbeiten. Die FE TLF-W beschreibt eine Kabine für 4 Einsatzkräfte. Bei den französischen CCFM sind Sitzplätze für insgesamt 5 Personen vorgesehen: 4 FA + einen freien Sitzplatz für die Besatzung aus dem nicht geschützten KdoW.

Angriffs- und Zubringer-TLF

Daneben ergibt sich die Problematik, dass aufgrund der Vielzahl an TLF-Varianten der Einsatzwert von Fahrzeugen zur Waldbrandbekämpfung nur noch schwer einzuschätzen ist. Hier sollte taktisch zwischen Angriffs- und Zubringer-TLF unterschieden werden. Angriffs-TLF müssen geländegängig sein und über Pump&Roll-Fähigkeiten verfügen. Alle anderen TLF sind eher als Zubringerfahrzeuge für den Pendelverkehr zu verwenden. (Vgl. u.a. zum doppelten Pendelverkehr, de Vries et al., 2004.)

Vegetationsbrände können sich schnell entwickeln. Je nach Taktik benötigen die Angriffsfahrzeuge daher je nach Einsatzgebiet und der gewählten Taktik entsprechende technische Schutzmaßnahmen. Wesentliche Ausrüstungsbestandteile bzw. Eigenschaften solcher spezialisierten Angriffsfahrzeuge zur Vegetationsbandbekämpfung sind i.d.R.:

- Kompaktes, wendiges, robustes, allradgetriebenes Fahrgestell mit größtmöglicher Traktion (mechanische Sperren möglichst in allen Achs- und Längsdifferentialen und mit Untersetzungsgetriebe).
- Die Fahrzeugpumpe und Abgabearmaturen müssen auch im (langsamen) Fahrbetrieb genutzt werden können. Dies wird als „Pump&Roll-Betrieb" (P&R) bezeichnet. Zur Wasserabgabe werden (kleine) Wasserwerfer oder von Hand bediente Strahlrohre eingesetzt, die z.T. von außenliegenden Bedienplätzen oder aus Dachöffnungen (z.B. Luken über dem Beifahrersitz) bedient werden können. Eine sinnvolle und recht preiswerte Variante ist die Verlegung eines C-Abgangs in den vorderen Bereich des Fahrzeugs, um dort bei P&R-Betrieb in besserer Sichtweite des Fahrers einen Abgang zu haben und so einfacher „vor" dem Fahrzeug arbeiten zu können.
- Stabile Kabinenausführung bzw. Schutzeinrichtungen der Kabine gegen Überschlag des Fahrzeugs bzw. umstürzende Bäume (alternativ entsprechend stabiles Führerhaus!).
- Schutzeinrichtungen für die Versorgungsleitungen (Luft, Elektrik, Kraftstoff).
- Ggf. Eigenschutz durch Wassersprüheinrichtungen für Fahrgestell, Kabine.
- Robuste Bauausführung und Lackierung.

Für die Taktik sind die technischen Grunddaten der Fahrzeuge wichtig. Spezialisierte „TLF-W" sind aufgrund ihrer besonderen (und seltenen) technischen Ausrüstung für den „normalen" Pendelverkehr zu kostbar bzw. sogar weniger geeignet, weil sie über sehr gute Geländeeigenschaften verfügen, aber i.d.R. einen relativ kleinen Löschwasserbehälter haben. Sie sollten daher v.a. für den doppelten Pendelverkehr (nach vorn, also direkt ins Schadensgebiet) bzw. zum Ablöschen im Pump&Roll-Betrieb von Feuersäumen (sinnvoll nur bei Flächenbränden mit noch überschaubaren Ausbreitungsraten und Flammenlängen sowie -geschwindigkeiten) und dem Löschen von Glutnestern o.ä. im Schadensgebiet (im „Schwarzen") bzw. zum schnellen Bekämpfen von Spotfeuern eingesetzt werden (vgl. DE VRIES, 2014).

TLF-W

Deutsche TLF-W (Ausnahme: Fahrzeuge gebaut nach der Fachempfehlung des DFV, 2020) verfügen im Gegensatz zu den französischen Spezial-TLF (vgl. Abb. 92 und 109) i.d.R. über keinen Pumpensumpf mit eigener Elektropumpe für die Entnahme eines Notvorrats von ca. 300 L. Dies muss die Besatzung – hier v.a. der Fahrzeugführer und der Maschinist beachten und für den aktiven Löscheinsatz bei entsprechend riskanten Lagen auf die völlige Entleerung zu verzichten, um ggf. eine Reserve zu haben. Dies

Abb. 92: Waldbrand-TLF der Fa. Camiva vorn auf Unimog U 5000 und hinten auf Renault Midlum für die französischen Waldbrandeinheiten.

Abb. 93: (vgl. auch Abb. 153): TLF 3000-W der Feuerwehr Düsseldorf auf U 5000 mit geschützten Leitungen, Selbstbergungswinde, Reifendruckregelanlage, Ersatzrad, Druckzumischanlage, einen kleinen Dachwerfer bzw. alternativ ein manuell geführtes Rohr bedienbar von der Dachluke über dem Beifahrersitz (vgl. TLF 8-W in Niedersachsen).

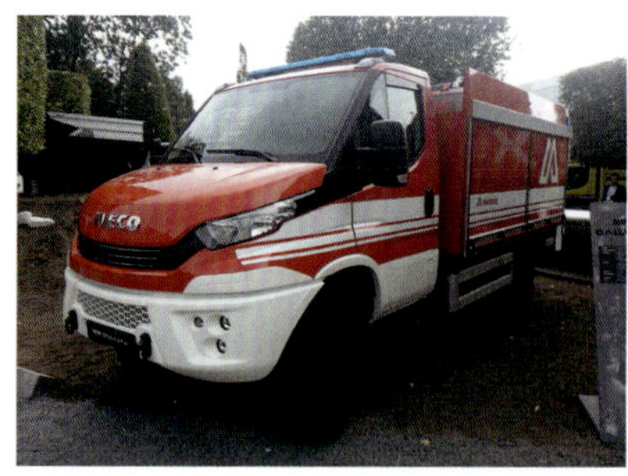

Abb. 94: TLF 2000 gibt es auf Transporter- (hier auf Iveco Daily 4x4), mittleren LKW- und Unimog-Fahrgestellen.

muss auch entsprechend ausgebildet werden, um damit sinnvoll im absoluten Notfall umgehen zu können. – Ziel muss es aber sein, gar nicht erst in so eine Situation zu geraten![1]

Das geländegängige TLF 20/40-W bzw. TLF 4000-W (Ausführung Sachsen) verfügt neben der entsprechenden Zusatzbeladung „Waldbrand" über ein Pump&Roll-System, Bodensprühdüsen, einen Löschwassertank von ca. 4500 Liter mit einem Warnsignal bei einem Resttankinhalt 400 Liter. Damit soll daran erinnert werden, dass der Tank im normalen Löscheinsatz nicht gänzlich leer gefahren wird und man in einer Notsituation noch handlungsfähig (Selbstschutz) bleibt.

Abb. 95: TLF 20/40-W (TLF 4000-W) Ausführung für Sachsen.

Große TLF wie z.B. (P)TLF 4000 (frühere Normbegriffe TLF 24/50, TLF 20/40(-SL)), oder Gebrauchsnamen wie GTLF oder ähnlich nutzbare Fahrzeuge wie FLF) haben deutlich größere Abmessungen und höhere Gewichte als kleinere (Angriffs-)TLF(-W). Sie können schon aufgrund ihres Gewichts im Gelände und auch auf engen Waldwegen oder gar zwischen Bäumen nur sehr beschränkt eingesetzt werden – und auch nur dann, wenn sie über die entsprechenden Fahrgestelle (Allrad, Sperren, ausreichende Bodenfreiheit) verfügen. Selbst mit der technischen Ausrüstung wiegen diese Fahrzeuge 18 t oder mehr, haben auf der zwillingsbereiften Hinterachse i.d.R. mehr als 10 t Achslast (nach DIN 14 530 Teil 21 darf die Achslast der Hinterachse bei TLF 4000 bis 11.500 kg betragen) sowie fahrgestellabhängig eine Höhe von normkonform bis zu 3.500 mm oder außerhalb der DIN sogar darüber! Damit steigt aber i.d.R. auch die Lage des Masseschwerpunktes nach oben und die Fahrzeuge werden damit bei zunehmender Seitenneigung bzw. Kurvengeschwindigkeiten kippempfindlicher!

Im Pendelverkehr lässt sich mit GTLF, (P)TLF 4000, TLF 24/50 bzw. TLF 20/40-SL oder auch FLF oder Traktoren mit Güllefässern die Zeit bis zum Aufbau einer funktionierenden Wasserversorgung mit Schläuchen überbrücken, wenn mit dem Wasser hinreichend sparsam umgegangen wird. Es werden dafür aber i.d.R. mehr Fahrzeuge benötigt, als die meisten glauben.

Der Einsatz der Wasserwerfer im Vegetationsbrandeinsatz macht nur Sinn, wenn die Löschwasserversorgung (auch über ggf. doppelten Pendelverkehr) dafür ausreichend ist! Groß dimensionierte Werfer (oft

---

1 Alternativ kann auch ein Sicherheits-TLF o.ä. als Reserve vorgehalten werden, oder der Löschwassertank über ein optisches bzw. akustisches deutliches Warnsignal bei Unterschreitung einer Wassermenge verfügt, damit der Maschinist und ggf. auch der Fahrzeugführer direkt aufmerksam gemacht wird.

Abb. 96: TLF 6000 (TLF 24/60) der BF Osnabrück (Schlingmann auf MB Actros 1841 AF). 6.000 L Wasser, 1.000 L Schaummittel, Druckzumischanlage und eine HD-Pumpe sowie einen funkferngesteuerten Werfer.

Abb. 97: Auch auf militarisierten bzw. v.a. für das Militär entwickelten Fahrgestellen (hier MB Zetros, v.a. im Osten Europas häufiger auch auf Tatra-Fahrgestellen) werden geländegängige G-TLF aufgebaut. Auf dem Bild ist gut zu sehen, wie groß der Wendekreis eines solchen Fahrzeugs mit 2 nicht gelenkten Hinterachsen ist.

über 2.000 L/min) sind für die Bekämpfung von Wald- und Flächenbränden grundsätzlich **nicht** sinnvoll, wenn man die Abgabeleistungen nicht reduzieren kann! Werfer mit angepasster Leistung können z.B. kurz zum Brechen schnell fortschreitender Feuerfronten von Flächenbränden oder zur Verhinderung des Aufbrennens einzelner großer Bäume (um in der Folge einen Feuerübersprung zum Vollbrand zu verhindern) genutzt werden.

Neben echten TLF sind auch andere Einsatzfahrzeuge wichtig für die Vegetationsbrandbekämpfung. Mit Hilfe von WLF lässt sich viel Wasser transportieren, mit geländegängigen Pickups o.ä. lassen sich multifunktional verwendbare Einsatzfahrzeuge realisieren. Auch Kettenfahrzeuge können als Löschfahrzeuge genutzt werden. Alle diese Fahrzeuge können auch zum Personal- und Materialtransport oder als Führungsfahrzeuge in vorgeschobenen Bereichen genutzt werden.

WLF mit AB Tank ersetzen immer öfter TLF 4000 (TLF 24/50), obwohl im Einsatzwert ein erheblicher Unterschied besteht und die Fahrzeuge aufgrund der technischen Rahmendaten (Höhe des Schwerpunktes, Geländefähigkeit (vgl. de Vries et al., 2004; Cimolino u. Zawadke et al., 2005) im Gelände und in der Bedienung oft große Probleme haben. Ihre Wendigkeit ist noch schlechter, die Bauhöhe noch größer wie die von TLF 4000 o.ä. Außerdem liegt der Schwerpunkt dieser Fahrzeuge aufgrund der zusätzlichen Rahmenkonstruktion immer höher als der von vergleichbaren konventionellen Feuerwehrfahrzeugen. Allrad-WLF sind eher als Nachschubfahrzeuge geeignet, nicht jedoch als Ersatz für geländegängige Fahrzeuge wie TLF, SW oder LF.

[1] Dieses TLF 24/60 wiegt bei 2 Achsen mehr als die zulässigen 18 t und muss daher mit einer Ausnahmegenehmigung gefahren werden. Im echten Geländeeinsatz ist es aufgrund des hohen Schwerpunkts und des hohen Gewichts bei relativ geringer Reifenfläche je nach Boden und Neigung ggf. problematisch!

Abb. 98: Das Allrad-Single-WLF hat sich selbst mit leeren AB festgefahren, als der Fahrer auf Sandboden eine enge Kurve zu fahren versuchte. Die eigene Befreiung scheiterte, es musste ein anderes Fahrzeug zu Hilfe kommen.

Abb. 99: Hier ein WLF mit AB Tank der Feuerwehr Osnabrück bei einer Waldbrandübung, die einmal mehr bestätigte, dass derartige Fahrzeuge auf engen und nur eingeschränkt tragfähigen Wegen Probleme bekommen.

Abb. 100: Landrover 130CC mit Waldbrandaufsatz der Feuerwehr Düsseldorf.

Abb. 101: Für den italienischen Zivilschutz wurden z.B. Iveco SCAM mit Geräte- und Pumpenaufsatz von Camiva aufgebaut und auf dem Waldbrandseminar 2008 Camica/Chambery (F) ausgestellt.

Abb. 102: Multifunktionales Fahrzeugkonzept von @fire (Material-, Personaltransport, Pumpenaufsatz, Behelfs-KTW).

Auf kleineren Fahrgestellen können entweder feste oder besser auch variable Aufbauten für verschiedene Anwendungen aufgebaut werden. Beispiele dafür gibt es seit vielen Jahrzehnten v.a. in Südeuropa und im amerikanischen Raum. Mittlerweile mehren sich aber auch entsprechende Fahrzeuge in Deutschland.

Abb. 103: Fahrzeug der Fa. Airmatic (heute SK Tec) auf Basis des Marders mit Räumschild, das damit auch eingeschränkt zum Räumen von Schneisen eingesetzt werden konnte. Es hat eine zGM von ca. 35 t.

Splittergeschützte Fahrzeuge

In Gebieten mit hoher Waldbrandgefahr und besonderen Gefahren durch Munitionsresten (aus Kriegen oder von ehemaligen bzw. immer noch aktiven Truppenübungsplätzen) kann der Einsatz von splittergeschützten Lösch- bzw. Unterstützungsfahrzeugen z.B. auf Basis von ehemaligen Panzerfahrzeugen sinnvoll sein, weil eine Bekämpfung vom Boden aus zu gefährlich ist und eine reine Waldbrandbekämpfung aus der Luft i.d.R. nicht ausreichend ist. Allerdings stoßen auch Löschpanzer an ihre technischen und taktischen Grenzen. Wie vom Waldbrand im munitionsbelasteten ehemaligen Truppenübungsplatz vom 20.07.13 in Teupitz bei Wünsdorf (Teltow-Fläming) berichtet wurde, ist auch ein Löschpanzer mit 11.000 L Wassertanks nach Entleeren derselben (über zwei leistungsstarke Frontwerfer mit bis zu 65 m Wurfweite) recht schnell „leer geschossen“ und muss wieder gefüllt werden, bevor er zum nächsten Einsatz vorrücken kann.

Abb. 104: Gepanzerte TLF auf Triton-Fahrgestell ermöglichen das Fahren unter geschützten Bedingungen wie mit einem üblichen LKW.

Außerdem muss die nachhaltige Löschwirkung des über den Werfer recht breit auf (größere!) Brandflächen verteilten Löschwassers aufgrund der Erfahrungen bezweifelt werden.

Abb. 105: Tschechischer Löschpanzer auf russischem T 55-Fahrgestell mit Räumschild und weiteren Löschdüsen an der Vorderseite des Fahrzeugs.

In Gebieten mit besonderen Anforderungen aufgrund der nicht-tragfähigen bzw. zu schützenden Böden (z.B. nicht tragfähige Sandböden, Berghänge mit Querneigungen, Heide bzw. Torfmoore) kann es sinnvoll bzw. sogar notwendig sein, den Bodendruck über das Absenken der Reifenluftdrucke zu senken. Danach sollte man allerdings auch wieder in der Lage sein, den Luftdruck vor Straßenfahrten wieder auf das nötige Niveau zu heben. Dafür benötigt man entweder Reifenfüllarmaturen oder eine Reifendruckregelanlage (serienmäßig lieferbar bei nur wenigen Fahrzeugtypen, z.B. Unimog (U 5000 und Nachfolger oder MB Zetros oder einige Tatra-Typen).

Abb. 106: Gleitschutzketten zur Traktionsverbesserung.

Manuelles Absenken des Luftdrucks führt zur Vergrößerung der Reifenfläche, um den Bodendruck zu reduzieren und die Traktion zu erhöhen. Dazu muss man wissen, wie weit der Luftdruck gesenkt werden darf, damit es nicht zu Schäden am Reifen oder zum Durchdrehen auf der Felge kommt. Dafür benötigt man auch ein geeignetes Reifendruckmessgerät – und vor dem Befahren von Straßen wieder eine Füllmöglichkeit.

Man kann auch Gleitschutzketten einsetzen, um den Vortrieb auf weichen Böden zu verbessern, das reduziert allerdings nicht den Bodendruck. Die Kombination mit dem Absenken des Luftdrucks geht nur eingeschränkt, weil man insbesondere bei Zwillingsbereifung Gefahr läuft, den anderen Reifen aufgrund der Berührung der Reifen bzw. Ketten zu beschädigen.

Für extreme Bereiche oder Sonderanwendungen gibt es in mehreren Ländern auch Feuerwehr-Einsatzfahrzeuge mit breiten Ketten (vgl. auch Kap. 7.1.2).

Kettenfahrzeuge

Kettenfahrzeuge mit verschiedenen Aufsätzen für z.B. Personaltransport, Materialtransport und Löschmittel und Pumpe gibt es auch in Europa (z.B. Feuerwehr Eupen, Belgien für den Einsatz im Hochmoor) und auch schon lange in verschiedenen Varianten in Deutschland. Oft werden dafür Fahrgestelle von Pistenraupen oder seit einigen Jahren auch vermehrt von Dumpern benutzt, die mit verschiedenen Aufbauten bzw. Aufsätzen versehen werden.

Abb. 107: Der Kässbohrer-Fireflex basiert auf einer Pistenraupe, hat aber für den Geländeeinsatz geeignetere Ketten. Solche Fahrzeuge werden z.B. von der Bundeswehr in Truppenübungsplätzen bzw. Erprobungsstellen eingesetzt.

Pistenraupen sind allerdings für schweres Gelände eher weniger geeignet und verfügen über eine relativ geringe Nutzlast.

Künftig werden auf serienmäßigen Raupenfahrgestellen, z.B. für Dumper, Fahrzeuge mit höherer Beweglichkeit, höherer Nutzlast und größeren Geschwindigkeiten auch in schwerem Gelände möglich sein.

In Gebieten mit sehr großen Risiken könnten auch ferngesteuerte Raupenfahrgestelle eine Erweiterung der Einsatzoptionen bringen.

Abb. 108: Fahrzeuge auf Dumperbasis sind robust und bieten sehr gute Geländeeigenschaften bei hoher Nutzlast. Viele Fahrgestelle können fernsteuerbar ausgelegt werden, hier ein Musterfahrzeug der Fa. ATG auf Prinoth.

6.3.2 Führungsfahrzeuge

Führungskräfte müssen die Chance haben, den bei einem Waldbrand vor Ort eingesetzten Einheiten folgen bzw. diese anführen zu können. Abschnittsleiter und Zugführer der Waldbrandeinheiten bzw. auch nur vielleicht im betroffenen Bereich eingesetzte Erkundungsfahrzeuge (z.B. Kommandowagen – KdoW) einer Einsatz- bzw. Abschnittsleitung müssen grundsätzlich mindestens geländefähig, besser geländegängig sein. Dies beschreiben nach Maass (1993) schon die Einsatzleiter aus NRW als übereinstimmende Erfahrung aus den Einsätzen in Brandenburg im Sommer 1992. Dies deckt sich mit Erfahrungen aus anderen Großeinsätzen, z.B. beim Hochwasser in weiten Teilen Deutschlands, u.a. 2002 in Flöha, Sachsen bzw. 2013 in Magdeburg, Sachsen-Anhalt von den Einsatzkräften der Feuerwehr Düsseldorf. Dabei ist zu beachten, dass die Serienfahrzeuge meist nur geländefähig, selten geländegängig sind. So verfügt selbst der alte Defender serienmäßig nicht über Differentialsperren an Vorder- bzw. Hinterachse, während z.B. der Mercedes G damit ausgerüstet ist.

Abb. 109: Landrover Defender 110 als Führungsfahrzeug einer französischen Waldbrandeinheit (hier bei einer Übung zur Einsatztaktik bei der Verteidigung von Gebäuden durch eine französische Waldbrandeinheit in Chambéry). Das Fahrzeug steht im Schutz des Gebäudes (linke Ecke) und natürlich hinter der Verteidigungslinie der TLF. (In einem echten Einsatz natürlich mit größeren Abständen.)

Abb. 110: KdoW auf Basis des VW Touareg (und auch anderer, ähnlich ausgestatteter SUV bzw. Geländewagen) haben sich auch in schwerem Gelände bewährt. Der Vorteil dieser im Vergleich z.B. zum alten Landrover Defender moderneren Fahrzeuge ist ihre für ungeübtere Fahrer leichtere Handhabbarkeit. Die Nachteile liegen darin, dass sie relativ teuer sind, viel Elektronik enthalten und ungeübte Fahrer sich damit ggf. leicht überschätzen, weil die Grenzen der Fahrphysik natürlich auch für moderne Fahrzeuge gelten.

Je nach Waldgebiet, Bewuchs, Lage und Aufgabe sollten auch die im Gebiet fahrenden Führungs- und Unterstützungsfahrzeuge über je eine Kettensäge und PSA verfügen, um sich bei Bedarf den Weg frei schneiden zu können.

Mobile Kommunikationsgeräte

Entsprechend der FwDV 100 benötigen Führungskräfte auch Führungsunterstützung im Sinne von Führungsgehilfen oder -assistenten sowie die nötige Ausbildung und Ausrüstung mit Informations- und Kommunikationstechnik (vgl. Kap. 7.2). Dazu gehört die notwendige Anzahl an

Abb. 111: Viele Mehrzweckfahrzeuge (MZF) nicht nur in Bayern verfügen auch über eine erweiterte Funkausstattung. Hier ein MZF mit Allradantrieb und geeigneter Bereifung, das auch abseits befestigter Straßen noch gut eingesetzt werden kann.

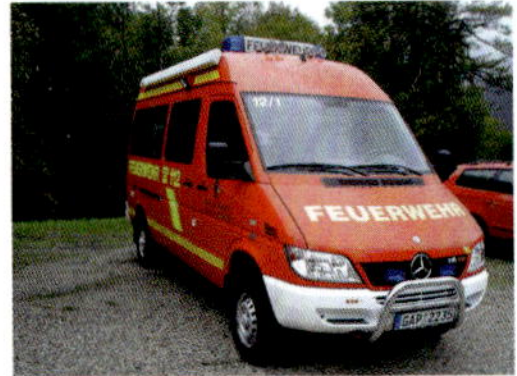

Abb. 112: Nur wenige ELW 1 verfügen wie dieses Fahrzeug über Allradantrieb, größere Bodenfreiheit und mechanische Sperren sowie einen Unterfahrschutz.

mobilen Kommunikationsgeräten (Funk, Mobiltelefon, ggf. Mobilfax, Datenübertragung usw.) in Fahrzeugen oder in abgesetzten stationären Führungsstellen oder auch Aufenthaltsbereichen, um die notwendige und geplante Kommunikation aufbauen und aufrecht erhalten zu können (Cimolino et al., 2008). Dies betrifft Führung in bzw. aus

- stationären Einrichtungen bzw. abgesetzten Führungsstellen in festen Gebäuden,
- Fahrzeugen und auch
- Einsatzkräfte, die zu Fuß unterwegs sind. (Bei längeren Einsätzen muss es für die mitgeführten, tragbaren FuG auch ausreichend viele – und die richtigen – Akkus bzw. Lademöglichkeiten geben.)

Bei großflächigen Ereignissen ist davon auszugehen, dass neben dem üblichen Funkbetriebskanal bzw. der Gruppe auch noch weitere Kanäle im Fahrzeugfunk bzw. im Netzbetrieb (TMO) des Digitalfunks geschaltet werden müssen, um eine Überlastung des bzw. der Kanäle bzw. Gruppen zu vermeiden. Die dann eingesetzten Führungsfahrzeuge müssen dem entsprechend auch über mindestens jeweils 2 entsprechende Funkgeräte (analoges 4m-Band bzw. im Netzbetrieb des Digitalfunks) verfügen, um sowohl die Verbindung zur Führung nach oben, als auch innerhalb der Einheiten halten zu können. Normativ verfügt nur der ELW 1 oder 2 über eine derartige Kommunikationstechnik.

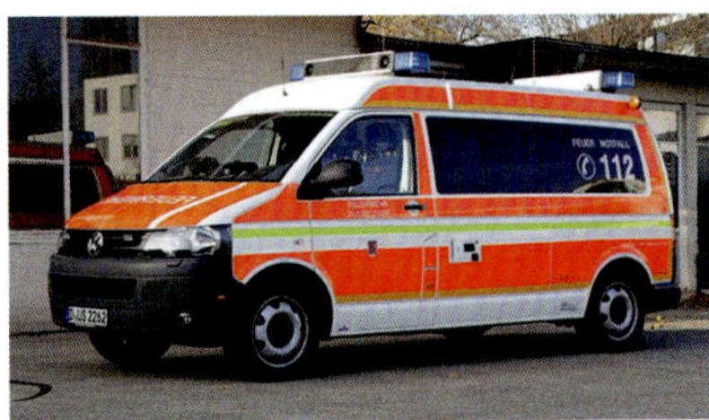

Abb. 113: Häufiger verfügen ELW 1 über einen serienmäßigen Allradantrieb. Hier ein Fahrzeug der Feuerwehr Düsseldorf auf Basis des VW T5. Es verfügt damit zwar über eine größere Traktion, aber über keine größere Bodenfreiheit wie die Standardversion.

Größere Vegetationsbrände benötigen i.d.R. eine stabsmäßige Führung durch eine Technische Einsatzleitung (TEL) vor Ort aus einem ELW 2 o.ä. ELW 2 brauchen dazu i.d.R. keinen Allradantrieb, weil sie normalerweise auf befestigten und ausreichend großen Plätzen aufgebaut werden. Es gibt aber Gebiete, die so ausgedehnt und nicht mit befestigten Straßen erschlossen sind,

Abb. 114: Geländefähiger ELW 2 mit absetzbarem Kofferaufbau, eingesetzt u.a. in den großflächigen Waldgebieten Brandenburgs.

dass sich Länder oder Kommunen dazu entschlossen haben, auch für ELW 2 geländefähige oder gar geländegängige Fahrgestelle zu verwenden.

Abrollbehälter

Bei Abrollbehältern (Einsatzleitung, Führung etc.) muss der Aufstellort auf unbefestigten Flächen sorgfältig ausgesucht und i.d.R. auch unterbaut werden. Z.T. müssen die Fahrzeuge je nach verbauter Technik auch mit einer Libelle in die Waage gebracht bzw. so im fahrzeugspezifischen Neigungstoleranzbereich ausgerichtet werden, bevor sie genutzt werden können. Dies setzt voraus, dass es neben der nötigen Abstütztechnik auch ausreichend viel Unterbaumaterial für die Verwendung vor Ort (z.B. auf nur schlecht oder nicht befestigten Flächen) gibt.

6.3.3 Andere Fahrzeuge

Zur Erkundung bei großflächigen Vegetationsbränden bieten sich bewegliche kleine Fahrzeuge, z.B. Kräder oder Quads, auf den ersten Blick an. Allerdings ist dabei zu beachten, dass das Funken während der Fahrt (v.a. abseits befestigter Wege) selbst mit Freisprecheinrichtung im Helm für die meisten – v.a. im Gelände eher ungeübten Fahrer – praktisch unmöglich sein wird und die Gefahren für die Fahrer nicht unerheblich sind. Die richtige Ergänzungsausbildung und spezielle Schutzausrüstung sind hier Mindestvoraussetzungen. Diese kleinen Fahrzeuge können aber beim Ausfall von bzw. Problemen mit Fernmeldeverbindungen gut für ganz klassische Boten- bzw. Melderfunktionen eingesetzt werden und können sich auch auf schmalen Wegen noch gut bewegen – wenn der Fahrer damit umgehen kann.

Abb. 115: Geländefähige Motorräder können auch von den Streitkräften oder der Polizei kommen. Hier eines der niederländischen Polizei mit Transportanhänger.

Bei allen Fahrzeugen mit einzelnen Fahrern (z.B. Fahrräder, e-(Mountain-)Bikes, Kräder, Quads) sind zuverlässige Ortskenntnisse oder eine eindeutige Wegbeschilderung wichtig!

Geländegängige Pickups wie z.B. der Landrover 130cc, vgl. Abb. 100 bzw. Transporter, vgl. Abb. 101 bzw. 102, haben deutlich mehr Zuladungsmöglichkeiten (mit Beladung zur Waldbrandbekämpfung inkl. kleiner Pumpe und Wassertank). Derartige Fahrzeuge können je nach Kabine auch mehr Personal transportieren und sind je nach Ausstattung (z.B. Differentialsperren, Untersetzung, Bereifung usw.) im schweren Gelände auch noch relativ beweglich.

Abb. 116: Selbst Quads gibt es mit kleineren Löschanlagen[1] (heller Kunststofftank auf dem Heckgepäckträger). Diese können ggf. Einsatzkräfte auch in schwierigem Gelände unterstützen. Es ist allerdings zu bedenken, dass die transportierten Löschmittelmengen eher gering im Verhältnis zum Fahrzeuggewicht sind und dass sich i.d.R. die Gewichtsverteilung für den Einsatz im Gelände sehr ungünstig verändert.

Nachschubfahrzeuge müssen die Einsatzkräfte an den Versorgungspunkten bzw. auch im Einsatzgebiet erreichen können, wenn die Einsatzkräfte nicht mit ihren Fahrzeugen zu Versorgungspunkten fahren können. Daher benötigen auch Logistik- und Versorgungsfahrzeuge hier i.d.R. Allradantrieb und entsprechende Ladungssicherungsmittel, um auch im Gelände einen sicheren Transport durchführen zu können. Die Benutzung von Ladebordwänden mit Roll- oder Palettenhubwagen ist allerdings im Gelände an Steigungen bzw. Neigungen schwierig, oft sogar unmöglich bzw. gefährlich!

Abb. 117: MTF oder MZF mit Allradantrieb (ähnlich z.B. dem Fahrzeug in Abb. 110). Unter der vorderen Stoßstange ist der vordere Unterfahrschutz schräg vor der Vorderachse zu erkennen. Derartige Fahrzeuge können für den Personaltausch und einfache Nachschubaufgaben auch im Gelände genutzt werden.

Geländegängige oder wenigstens geländefähige MTF ermöglichen es, die Löschfahrzeuge in Betrieb vor Ort zu lassen und das Personal beim Wechsel direkt vor Ort auszutauschen. Damit erfolgt keine Einsatzunterbrechung und es ist weniger aufwendig. Bei entsprechender Ausrüstung mit Ladungssicherungsmöglichkeiten (z.B. Zurrmöglichkeiten, Trenngitter oder Trennwand) eignen sich diese Fahrzeuge auch noch zum Transport z.B. von Verpflegung oder geringerer Mengen Kraftstoff in geeigneten, dicht schließenden Kanistern (z. B. 20 L).

Abb. 118: Allradgetriebene SW bzw. GW-L2 mit Singlebereifung und Differentialsperren können auch in schwerem Gelände fahren. Hier war die serienmäßige Ladungssicherung für die Schlauchtragekörbe im GW-L2 als SW nicht ausreichend und die Beladung hat sich verselbständigt.

[1] Häufig werden bei den kleinen Löschanlagen solche mit Hochdruck (HD) verbaut. Die Erfahrungen aus dem Portugaleinsatz von @fire in 2013 zeigen aber, dass derartige (kleine) HD-Anlagen zur Vegetationsbrandbekämpfung schlecht oder gar nicht geeignet sind, weil die Reich-/Wurfweite zu gering, die Wasserleistung zu klein und die Eindringtiefe zu schlecht ist.

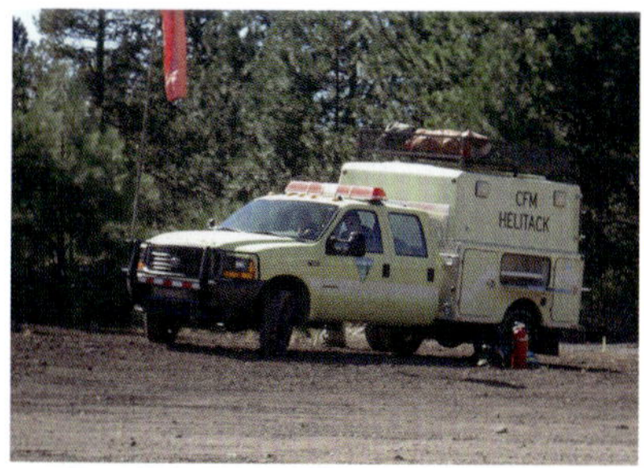

Abb. 119: Fahrzeug zum Nachführen spezieller Ausrüstung einer Hubschrauber-Löschmannschaft „HeliTac-Crew“ bzw. für die Unterstützung der Hubschrauberbesatzungen bei Außenlandungen oder zur Orientierung im Schadensgebiet (daher der große farbige Windsack). Auch in Österreich und Bayern werden zunehmend für die Flughelferstaffeln eigene Fahrzeuge mit Sonderausrüstung beschafft. Das Land Hessen und das Land Niedersachsen haben einige Abrollbehälter mit Zusatzausrüstung für die Brandbekämpfung aus der Luft für die Feuerwehren beschafft.

Abb. 121: Ähnlich ausgerüstete und für den Vegetationsbrand spezialisierte Fahrzeuge gibt es mittlerweile auch in Europa. Hier zwei Modelle unterschiedlicher Größe, ausgestellt auf der Interschutz 2010 in Leipzig. Ähnliche Effekte kann man auch mit Minenräumpanzern (z.B. MRPz Keiler) erzielen!

Abb. 120: Kettenfahrzeuge mit Kabinen- und z.T. auch seitlichem Kettenschutz werden v.a. in den USA in einigen Bereichen mit großem Erfolg von den Feuerwehren bzw. den Forstbehörden verwendet.

Abb. 122: Mittlerweile gibt es auch in der Forstwirtschaft immer größere dieser Spezialfahrzeuge entweder als „Biomasse-Harvester“ (a und b), bei denen mit LKW der organische Bestandteil direkt abgefahren werden kann; oder Mulcher (c), die Schneisen in auch dichteren Bewuchs schlagen und den Boden direkt mit umfräsen können.

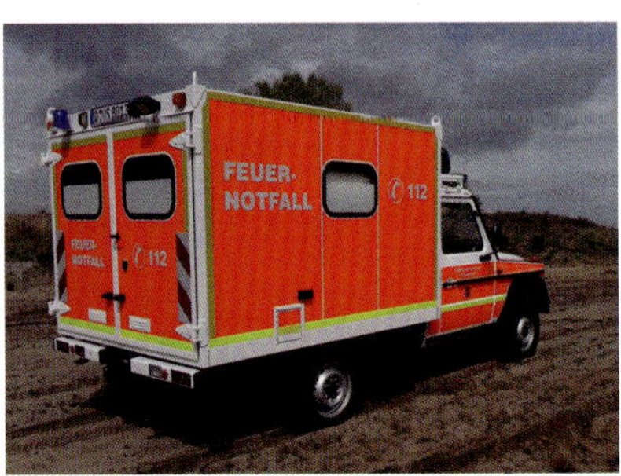

Abb. 123: Ehemaliger Krankenkraftwagen (KrKW bzw. „San-Wolf") der Bundeswehr, umgebaut für den Katastrophenschutz der Stadt Düsseldorf.

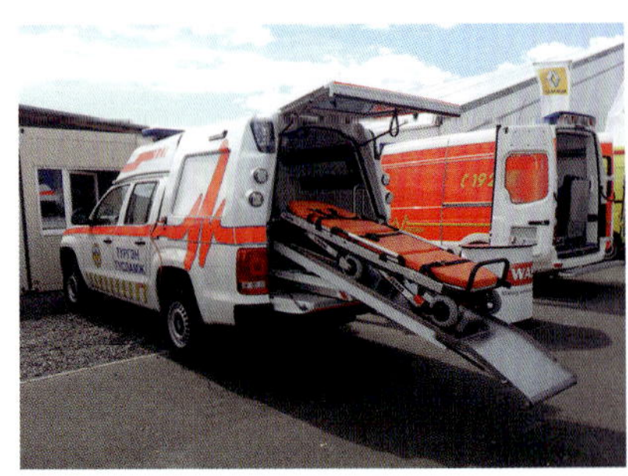

Abb. 124: Geländegängiger KTW – hier auf Pickup-Basis auf der Rettmobil 2014.

Rettungsdienstfahrzeuge

Für den Einsatz bei größeren Vegetationsbränden sollten Rettungsdienstfahrzeuge zum Eigenschutz zur Verfügung stehen, die die Einsatzkräfte möglichst auch erreichen können. Je nach Topographie sollten auch diese Fahrzeuge über Allradantrieb verfügen!

Schwere Lasten müssen ggf. selbst auch abseits von noch mit geländegängigen Fahrzeugen befahrbaren Gebieten transportiert werden,

Abb. 125: Iron Horse als Geräteträger für z.B. TS und Schläuche als Außenlast an einem Hubschrauber beim Transport in unwegsames Gelände – und im Einsatz im schweren Gelände der Sächsischen Schweiz zur Vegetationsbrandbekämpfung. Das im rechten Bild noch zu sehende umgebaute alte 200 L-Ölfass" für Wasser hat sich nach Angaben von Kögler nicht bewährt. Stattdessen werden heute 30 L-Wasserbehälter verwendet, mit denen vor Ort dann die Rückentragespritzen befüllt werden.

Abb. 126: Pflüge, Scheibeneggen oder Grubber können gut genutzt werden, um Wundstreifen nicht brennbaren Materials um Felder zu schaffen, an denen dann die Feuerwehr das Feuer relativ einfach stoppen kann.

Abb. 127: Der Wundstreifen hier dient umgekehrt dazu, dass Abbrennaktionen im Zuge der in Sizilien seit Jahrhunderten üblichen Aschedüngung nicht auf die Umgebung übergreifen, sondern innerhalb eines Bereiches bleiben.

weil Hubschrauber entweder zu teuer sind, oder gar nicht zur Verfügung stehen bzw. aufgrund der Wetterlage nicht fliegen können. Neben Quads (vgl. Abb. 116) können auch selbstfahrende Geräteträger z.B. mit Kettenlaufwerken in schwer zugänglichen Bereichen als ggf. wertvolle Transporthilfe genutzt werden. Je nach Topographie muss aus den verschiedenen Typen eine geeignete Wahl getroffen werden (z.B. tiefer Schwerpunkt, Breite der Ketten, Steigfähigkeit), weil eine falsche Wahl sehr gefährlich für die Bediener werden kann. Eine möglichst einfache Bedienung sollte Voraussetzung sein.

Traktoren, Pflüge, Bodenfräsen, Holzvollernter können bei Einsätzen wertvolle Hilfe leisten, vgl. dazu Kap. 7.3.1. Die Maßnahme über

Abb. 128: Aufgrund zu schlampiger Ausführung der Wundstreifen (nicht geschlossen, teilweise zu schmal, Stroh liegt darüber), starker Winde und trockener organischer Reste kommt es in Sizilien bei diesen Aktionen häufig zur Entstehung großer Brände.

Abb. 129: Wundstreifen mit Harvestern in Schweden geschaffen, zu schmal, noch nicht geräumt, kann so kein Vollfeuer aufhalten und ist als Verteidigungslinie zu gefährlich.

Abb. 130: Schneise fertig geschlagen, Abtransport des geschlagenen Holzes läuft und danach wird sogar noch die oberste Pflanzenschicht mit Raupen bzw. Baggern abgetragen.

eine definierte Strecke dauert immer länger als erwartet! Daher ist auf ausreichend großen Abstand zu achten, damit die Einsatzkräfte nicht vom Feuer überrollt werden! In den USA gibt es für die Einsatzleitung daher Tabellen über die Leistungsmöglichkeiten („production rates per hour") für Handcrews, Raupen („Dozer") verschiedener Typen, Grader usw. Eine pauschale Übernahme ist nicht möglich, weil es in Deutschland hierzu derzeit keine vergleichbare Ausbildung für die Handcrews (Ausnahme z.B. @fire) oder Maschinisten von Baumaschinen etc. gibt. Trotzdem sollte sich jede Einheit z.B. im Rahmen von Übungen entsprechende Übersichten selbst erstellen, um nicht unrealistischen Zielen zu erliegen.

Abb. 131: Das Wasser aus ungereinigten Güllefässern muss in Auffangbehälter o.ä. umgefüllt werden. Aus diesen muss es mit Saugschläuchen mit Saugkorb und Drahtsieb entnommen werden, um eine Verschmutzung der Pumpeneingänge bzw. Schäden in den Pumpen zu vermeiden. Dieses Wasser enthält Fäkalienreste, d.h. Vorsicht mit Wunden und Inkorporation (Atmung).

Die Anweisungen dazu was und ggf. auch womit und wie ein Wundstreifen gemacht werden muss, sollte daher von fachkundigen Führungskräften von Feuerwehr bzw. Forst kommen. Sind diese nicht vorhanden, sollte man entsprechende Fachberater von anderen Einheiten kennen und bei Bedarf einbinden.

Die Bedienung der spezialisierten Maschinen bzw. Geräte erfordert besondere Kenntnisse und Erfahrungen. Dies sollte daher von entsprechend geschultem Personal übernommen werden. Das hat aber meist keine Feuerwehrausbildung oder Kommunikationsmittel. Ggf. sind daher FA zur Begleitung bzw. Kommunikation abzustellen.

Traktoren mit Güllefässern können viele Gebiete erreichen, wo normale Löschfahrzeuge schon lange nicht mehr fahren können. Die Behälter müssen vorher möglichst gut gespült werden, weil sonst die Pumpensiebe, Pumpen bzw. Strahlrohre zusetzen können. Allerdings haben neue Trak-

Abb. 132: Teleskoplader (TL) können je nach Größe und Ausrüstung vielfältig verwendet werden. Dieser TL der FW Düsseldorf verfügt über mehrere Anbaumöglichkeiten[1] und ausgeschäumte Reifen.

Abb. 133: Wundstreifen benötigen großes Gerät. Dieses kann aus dem Straßen-, Forst- bzw. Landschaftsbau kommen oder von BOS-Einheiten bzw. der Bundeswehr. Den Leitstellen sollten entsprechende Übersichten vorliegen, hier ein Radlader der DLRG.

Abb. 134: Ein TLF-Aufsatz (mit eingeschobener TS) auf Unimog-Fahrgestell war eine v.a. in Rheinland-Pfalz in den 1980ern verwendete Idee, um Winterdienst-, Bauhof- oder ähnliche Fahrzeuge auch z.B. zur Waldbrandbekämpfung in schwierigem Gelände nutzen zu können. Die Fahrzeuge haben sich in der Masse nicht bewährt, da es letztlich doch zur festen Verwendung kam und sie dann relativ zur Komplettbeschaffung weniger leistungsfähig und teurer sind. Das hier abgebildete Fahrzeug der Feuerwehr Kempfeld (VG Herrstein (RLP)) wurde schon vor einigen Jahren ausgemustert. Grob ähnliche Konzepte werden heute wieder auf GW-L realisiert.

toren am Fahrgestell viele Kunststoffleitungen verbaut, so dass sie ebenfalls empfindlich auf Hitze bzw. Flammen reagieren!

Künftig werden immer weniger geeignete Güllefässer zur Verfügung stehen, weil das Ausbringen von Gülle mit diesen alten Güllefässern verboten wird und die neuen Fässer technisch anders aufgebaut sind.

Materialtransport

Für den Materialtransport im Gelände, für das Be- und Entladen von Logistikfahrzeugen und auch für den Behelfswegebau sowie natürlich auch zum relativ schnellen Anlegen von Wundstreifen bzw. bis zum Boden freigeschobene Schneisen können neben Mulcher, Bergepanzer bzw. andere Panzer mit Räumschildern, besser Minenräumpanzer auch Radlader, Teleskoplader oder Geländestapler variabel genutzt werden.

[1] Mit der hier montierten Schaufel mit Schuttgreifer kann im Vegetationsbrandeinsatz z.B. sandiger Boden, aber auch beispielsweise abgeschnittenes Buschwerk etc. gut bewegt werden.

Eine Besonderheit stellen Geräte dar, die multifunktional genutzt werden können, also z.B. Fahrzeuge der Forstwirtschaft, die ggf. mit Feuerwehraufbauten versehen werden können. Ähnliches gab es schon mit TLF-Aufsätzen auf Unimog-Fahrgestellen mit Pritschenaufbau z.B. in Rheinland-Pfalz.

Abb. 135: Abroll- bzw. Absetzbehälter Waldbrandbekämpfung, der in schwerem Gelände auch auf ein spezielles Fahrzeug gezogen werden kann, das normalerweise als Holzvollernter oder für den Holztransport (Harvester) genutzt wird.

Zusätzlich können je nach Bodentyp ggf. Speziallöschgeräte auf den Sonderfahrzeugen Sinn machen. Diese gibt es z.B. in Form der Löschnägel (Fognail) schon länger auch für den Standardeinsatz in Gebäuden (z.B. für Zwischendecken oder größere Dehnungsfugen), als Löschlanzen für die Heuwehr oder auch spezialisiert für die Vegetationsbrandbekämpfung in z.B. torfigen Böden. Je nach Löschlanzentyp, Wasserdruck (mit Hochdruck z.B. System der Fa. SK TEC ist ggf. das „Einspülen“ möglich) bzw. den örtlichen Bodenverhältnissen ist das Eintreiben der Geräte schwierig bis unmöglich und setzt oft entsprechendes Werkzeug (Vorschlaghammer) oder maschinelle Unterstützung (Greifer, Baggerschaufel) voraus.

Abb. 136: Löschlanze zum Eintreiben in den Boden.

Abb. 137: Die Löschlanze der Fa. SK TEC wird ebenfalls mit hohem Druck in den Boden gespült, um Glutnester zu erreichen. Hier beim Einbringen von Wasser in einen überhitzten Komposthaufen.

Abb. 138: Mit abrasiven Zusätzen und Hochdruck können auch Glutnester in tieferen Bodenschichten oder in Wurzelstöcken recht einfach erreicht werden. Diese Geräte (hier der Fa. Cobra) gibt es auch auf Rollcontainer und können damit z.B. mit geländegängigen GW-L2 bzw. Geländestapler bis weit nach vorne gebracht werden.

7 Taktiken zur Vegetationsbrandbekämpfung

Die Rahmenbedingungen größerer Einsätze zur Vegetationsbrandbekämpfung sind anders als die der üblichen Feuerwehreinsätze:

- Große betroffene Fläche, damit
  - Probleme in der Wasserversorgung (egal ob mit Schlauchleitung oder Pendelverkehr), vgl. dazu DE VRIES et al. (2004)
  - unübersichtliche Lage, weil nicht direkt „überschaubar",
  - müssen Einsatzkräfte von mehreren Standorten und i.d.R. auch aus verschiedenen Gemeinden zusammengezogen und gemeinsam eingesetzt werden.
- Erheblicher Einfluss der Wetterlage und -änderungen und v.a. im Sommer auch der Tageszeit auf den Einsatzerfolg.
- Einsatzdauer mehrere Stunden bis Tage, damit wird die Versorgung vor Ort und später die Ablösung der Einheiten notwendig.
- Erheblicher Einfluss von Vegetationsart und Topographie auf Ausbreitungsrichtung und -geschwindigkeit.

Ziel der Einsatztaktik

Das Ziel jeder Einsatztaktik muss es sein, einen sicheren, effizienten und effektiven Löscheinsatz zu erreichen. Insbesondere dürfen Einsatzkräfte nicht eingeschlossen werden! Bei den Waldbränden 1975 in Niedersachsen führte der Einschluss einer Einheit zu 5 toten Feuerwehrangehörigen (mit ihrem TLF verbrannt) und mehreren Verletzten. Weniger bekannt ist, dass bei den Einsätzen 1975 noch an mehreren anderen Stellen Einsatzkräfte (Feuerwehr, THW, Bundeswehr) von den Flammen eingeschlossen waren sowie weitere Feuerwehrangehörige teils schwerer verletzt wurden.

Auch in anderen Einsätzen zur Vegetationsbrandbekämpfung kam es immer wieder zu risikoreichen Situationen, Verletzungen oder gar To-

Abb. 139: Der Feuersaum umschließt die Hügelspitze (Einsatz in Portugal). Befänden sich dort Einsatzkräfte, wären diese eingeschlossen und damit erheblich gefährdet. Ein Ausfliegen ist kaum mehr möglich, da Hubschrauber aufgrund der Enge und Thermik bzw. des entstehenden Rauchs hier nicht mehr operieren können. Es bliebe nur noch die Bekämpfung von unten, aus der Luft bzw. als letzte Maßnahme das Einigeln in Schutzzelte, sog. „(Fire-)Shelter"[1], vgl. Kap. 6.1.6, wenn es nicht gelingt, durch Freiräumen bzw. -brennen eine ausreichend große Sicherheitszone (Safety Zone) zu schaffen.

desfällen, weil die Dynamik bzw. die Risiken der Lage unterschätzt wurden. Um schnell und richtig kommunizieren und Anweisungen erteilen zu können, sind eindeutige Bezeichnungen zu Verwendungen zwingend notwendig.

7.1 Operation verbundener Kräfte

Um größere Vegetationsbrände effektiv und effizient bekämpfen zu können, ist die Vernetzung der unterschiedlichen Fähigkeiten der beteiligten Einheiten und Fähigkeiten notwendig. Dies bedeutet automatisch auch die Vernetzung von verschiedenen Trägern bzw. Organisationen – und auch verschiedener Führungsstrukturen. Als „Vorbild" im Sinne der strategischen und taktischen Grundlagen kann man hier die „Operation verbundener Kräfte" nach HDV 100/200 von 2010 sehen.

Innerhalb der Bausteine müssen i.d.R. ebenfalls vernetzte Strukturen vorhanden sein, z.B. wie folgt:

[1] Shelter sind allerdings wie ein Airbag nur letztes Mittel und können nicht immer ausreichend schützen. 19 FA kamen am 30.06.2013 beim „Yarnell-Feuer", Arizona (USA) in ihren Sheltern zu Tode.

Führungseinheiten:

- ▶ Integration verschiedener Führungskräfte verschiedener Einheiten unterschiedlicher Qualifikation und Erfahrung.
- ▶ Integration von Fachberatern verschiedener Organisationen bzw. Fachgebieten, z.B. auch einen FB „Waldbrand“ oder „Sicherheit“ (Safety Officer).
- ▶ Integration von Spezialisten wie Meteorologen, Forstwirten, ggf. auch Geologen.
- ▶ Integration verschiedener Führungsfahrzeuge (vgl. Kap. 6.3.2) und -hilfsmittel verschiedener Einheiten. Dabei ist zu beachten, dass es hier schon rein technisch Probleme gibt, weil z.B. zwischen folgenden Organisationen bzw. deren eigenen Funksystemen keine direkte Verbindung möglich ist
  - Nicht-polizeiliche BOS (Feuerwehr, Rettungsdienst, THW) (nur im analogen Funkverkehr mit Polizei und auf bestimmten Gruppen im Digitalfunk – soweit überhaupt die Technik dafür (noch) vorhanden und richtig programmiert ist!)
  - Polizei von Bund und Ländern (heute praktisch nur noch in bestimmten Gruppen im Digitalfunk)
  - Bundeswehr bzw. andere Armeen mit Unterstützungseinheiten
  - Luftfahrzeuge (v.a. privater Betreiber)
  - Forst

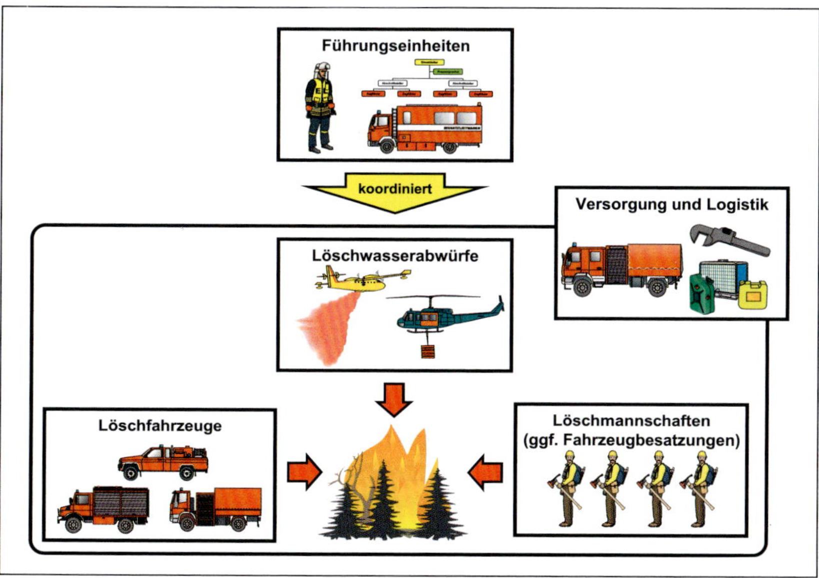

Abb. 140: Operation verbundener Kräfte bei der Vegetationsbrandbekämpfung.

Versorgung und Logistik:

- Integration verschiedener Versorgungsmodelle und -strukturen
  - Feuerwehren und Hilfsorganisationen (kurzfristige, schnelle Versorgung vom eigenen Standort bzw. aus bekannten regionalen Geschäften).
  - Polizei von Bund und Ländern (keine bis sehr professionelle Versorgung).
  - Bundespolizei und Bundeswehr (leistungsfähige und großflächige Versorgung nach längerer Anlaufzeit möglich).
- Versorgungsnotwendigkeit verschiedenster Bedarfe.
  - Getränke, Kalt- und Warmverpflegung vor Ort bzw. an Versorgungspunkten.
  - Betriebsmittel unterschiedlichster Art (Benzine, Gemische, Diesel, verschiedene Öle, ggf. Kühlmittel).
  - Nachschub- bzw. Reparaturbedarfe.
  - Wechselkleidung, Verbrauchsgüter (auch die jeweils passenden Ketten der verwendeten Motorsägen!), (Schleif-)Werkzeuge

Löschfahrzeuge:

- Integration unterschiedlicher Einzelfahrzeuge oder Einheiten mit oder ohne Führungskonzept bzw. vorgeplanter und bekannter Verbandsstrukturen im laufenden Einsatz in größer dimensionierte Einheiten, die teilweise in den Bundesländern (allerdings höchst unterschiedlich) bereits vorbereitet sind.
- Integration von Behelfs- bzw. Hilfsfahrzeugen (z.B. Tankwagen, Traktoren mit Güllefässern o.ä. zum Wassertransport).

Löschwasserabwürfe bzw. Transport von Ausrüstung und Personal bzw. Beobachtungsaufgaben mit Luftfahrzeugen:

- Integration verschiedener Betreiber
  - Polizei von Bund und Ländern
  - Bundeswehr und andere Armeen
  - Private
- Integration verschiedenster Typen mit unterschiedlichsten Ausrüstungssätzen.
- Integration verschiedenster Unterstützungsmodelle (von gar nicht vorgeplant, über nur marginale Unterstützung am Boden und nur für bestimmte Außenlastbehälter bzw. Hubschraubertypen, bis hin zu professionell ausgebildeten Flughelfern, die verschiedene Luftfahrzeuge bzw. Außenlastbehältervarianten beherrschen und die Luftfahrzeugbesatzungen auch über Sprechfunk (Flugfunk) erreichen können, vgl. Kap. 7.3.4)

- Stellung von fachkundigen „Wasserabwurfleitoffizieren“ der Feuerwehr am Boden und an Bord der Luftfahrzeuge bzw. mindestens in einem „Führungs-Hubschrauber“.

Spezialisten:

- Integration verschiedenster Persönlichkeiten bzw. Organisationen
  - mit oder ohne eigenem Hintergrundbereich (Backoffice) bzw. Unterstützung,
  - mit und ohne Erfahrungen in Einsatzstrukturen
  - mit und ohne „eigene (Eigentümer-)Interessen“.
- In Einsatz- oder Abschnittsleitungen oder im Schadensgebiet.

Flexible Organisation

Dies erfordert eine entsprechend flexible Führungs- und Alarmierungsorganisation, weil nicht immer alle Teile gleich stark benötigt werden und die tatsächlichen Notwendigkeiten nicht nur vom Ausmaß des Feuers, sondern v.a. von den topographischen und meteorologischen Verhältnissen im Brandgebiet abhängen. Ziel sollte es außerdem sein, möglichst viele Komponenten aus dem allgemeinen technischen und taktischen Bereich der Feuerwehr auch für die Vegetationsbrandbekämpfung verwenden zu können und möglichst wenig besondere Ausrüstung mit spezieller Ausbildung nötig zu machen, die nur für diesen Fall nutzbar ist.

7.1.1 Bausteine einsatztaktischer Optionen

Jeder Einsatz baut am besten auf Bausteinen auf, die gleich oder ähnlich immer wieder eingesetzt werden. Alles andere ist nicht sinnvoll vorzubereiten, nicht zu üben und führt im Einsatzstress schnell ins Chaos. Diese Bausteine bzw. Abschnitte sind neben der Führung üblicherweise:

- Löschangriff
- Löschwasserversorgung durch
  - Wassertransport direkt oder im einfachen oder doppelten Pendelverkehr v.a. mit Tanklöschfahrzeugen, ggf. auch mit Hilfsmitteln wie Güllefässern, Milchtankwagen o.ä. – in seltenen Fällen auch mit Hubschraubern. Schon zu den Waldbränden von 1975 beschreibt ACHILLES (1976), dass die Taktik des doppelten Pendelverkehrs – damals mit geländegängigen TLF 8(/8 bzw. -ZS) auf Unimog-Basis als Angriffs-TLF und GTLF 6(000) bzw. 24(000) als „Wassertender“ sich „hervorragend bewährt“ habe.
  - Wasserförderung mit Schläuchen oder Rohrleitungen

- Logistik/Versorgung
- Bereitstellung (Reserven, Ablösung)
- Rettungsdienst (Eigenschutz)

Grundsätzlich wird zwischen der

- defensiven (also verteidigenden, vgl. Kap. 7.1.2) und
- offensiven (also angreifenden, vgl. Kap. 7.1.3)

Einsatztaktik im Löschangriff unterschieden.

Vereinfacht dargestellt werden kleinere Brände grundsätzlich offensiv bekämpft, während bei Großbränden neben einer umfassenden Erkundung zunächst v.a. defensive Maßnahmen zum Einsatz gebracht werden.

Bei den meisten Bränden kommt eine Kombination aus defensiven und offensiven Maßnahmen zum Einsatz, da die konkreten Bedingungen direkt am Feuer bzw. dessen Umgebung die jeweilige Taktik bestimmen. Vegetationsbrandbekämpfung ist im Gegensatz zum Gebäudebrand ein stetiges vor und zurück der Einsatzkräfte je nach Kontrollschwelle. Das bedingt eine ständige Neubeurteilung der Lage und der nötigen Maßnahmen weit über das für die Feuerwehren sonst übliche Maß hinaus. Hier liegen viele Probleme begründet, da auf Bedingungsänderungen zu spät reagiert wird, statt zu agieren.

Regelmäßig muss im Einsatzverlauf geprüft werden, ob es Triggerpunkte gibt, an denen sich die Einsatztaktik ggf. ändern muss, weil sich an der Stelle der Brandverlauf drastisch ändern wird, z.B.

- **Feuer läuft aus Wald in trockenes Getreide, Buschwerk, Schilf o.ä.,**
- **oder umgekehrt**
- **Feuer wird nach vorhergesagter Wetteränderung (Windrichtung, -stärke) den Ausbreitungsverlauf ändern.**
- **Feuer wird nach Überschreiten einer bestimmten Linie in einen Hang laufen und sich dann hangaufwärts deutlich schneller ausbreiten.**

Offensive Maßnahmen bei Großbränden ohne hinreichende Erkundung (Größe, Ausbreitungsrichtung, Wetterlage und -vorhersage, eigene Kräftelage jetzt und in Bezug auf den weiteren Einsatzverlauf, Verkehrswege und ggf. Fluchtmöglichkeiten) sind lebensgefährlich und daher grundsätzlich zu unterlassen.

Offensive und defensive Maßnahmen können auch an einer (größeren) Einsatzstelle parallel notwendig werden, indem z.B. in Windrichtung in ausreichendem Abstand eine Widerstandslinie durch Verbreitern einer Schneise o.ä. vorbereitet und eingerichtet wird, während gleichzeitig die Flanken des Brandes offensiv angegriffen werden, um der Spitze des Brandes die Wucht zu nehmen.

7.1.2 Defensive Einsatztaktik

Üblicherweise sind in der Feuerwehr Riegelstellungen als defensive Einsatztaktik bekannt und werden nach bestimmten taktischen Überlegungen (z.B. Deckungsbreite von Strahlrohren, Art und Menge der verfügbaren Löschmittel) mit Wasser aus Strahlrohren gebildet. Dies bedingt bei Vegetationsbränden aufgrund der im Verhältnis zu Gebäudebränden viel größeren Ausdehnung einen immensen Aufwand an Fahrzeugen (TLF), Wasserleitungen bzw. Strahlrohren und Einsatzkräften. Bei größeren Ausdehnungen sind Riegelstellungen, die nur auf Wasserabgabe aus Strahlrohren beruhen, kaum darstellbar. Steht tatsächlich ausreichend Wasser, Material und Personal zur Verfügung, sollte daher eher eine offensive Taktik (vgl. Kap. 7.1.3) verwendet werden. Außerdem entwickelt sich kaum ein Vegetationsbrand so, dass er wie „geplant" gleichmäßig auf eine Riegelstellung aufläuft, sondern er hat i.d.R. höchst unterschiedliche Entwicklungsformen und -geschwindigkeiten. Dies macht bei den meisten Vegetationsbränden eher eine flexible Reaktion nötig, da die Riegelstellungen abseits von sehr breiten Schneisen kaum in der Praxis zu erreichen sind.

Defensive Taktiken müssen im Vegetationsbrand daher immer auf Basis von natürlichen oder künstlichen Brandhindernissen („Schneisen") entwickelt und umgesetzt werden. Um für das Anlegen von Schneisen (Wundstreifen, Waldbrandriegeln) den Aufwand möglichst gering zu halten, sollte man sowohl vorhandene Möglichkeiten (Straßen, Wege, Flüsse, vegetationslose Brachen) wie auch Geländeformen und Bodenarten sowie die jeweilige Vegetation berücksichtigen. Es macht keinen Sinn, eine 1 km lange und 50 m breite Schneise mit Pionierpanzern, Holzvollerntemaschinen und zusätzlichem Personal aufwendig durch einen dichten Wald zu legen, wenn man zwar über eine längere Strecke, aber viel einfacher und damit schneller, entlang eines Waldweges diesen verbreitern kann, oder mehrere vorhandene Lichtungen über dazwischen geschlagene Verbindungen zu einer durchgehenden Schneise ausbaut.

Defensive Maßnahmen größeren Umfangs machen nur dort Sinn, wo sie rechtzeitig vor Auftreffen der Feuerlinie auch sicher in Länge und Breite vollendet sind und danach auch verteidigt werden können: Gelingt das nicht, ist die Gefahr sehr groß, dass die ganze Arbeit umsonst war, weil das Feuer die Verteidigungslinie entweder aufgrund „unsauberer" oder zu „schmaler" Arbeit (vgl. Abb. 143) überläuft oder windgetrieben durch Funken bzw. Flammen wegen mangelnder Breite überspringt.

In der Praxis können höchst unterschiedliche Vorstellungen der unterschiedlichen Beteiligten, wie Fahrer von Harvestern, Traktoren oder anderen Arbeitsmaschinen bzw. Feuerwehrangehörigen zu Problemen führen. Diese verschiedenen Beteiligten ordnen bzw. „reinigen" den Raum durch Holzeinschlag und -abtransport oft ganz anders, als es von den Verantwortlichen der Feuerwehr bzw. des Forstes im Waldbrand gewünscht wird (vgl. Abb. 130). Hier ist für den Erfolg der Maßnahme ein ständiger Beobachter bzw. Koordinator vor Ort entscheidend. Zudem sollten Arbeitsmaschinen immer durch die Feuerwehr abgesichert werden, um im Notfall schnelle Maßnahmen, bis hin zur Flucht ergreifen zu können. Das bedeutet in der Praxis, dass die Arbeiten zum Anlegen der Wundstreifen parallel zu den Vorbereitungen für deren Verteidigung laufen müssen.

Defensive Maßnahmen

Defensive Maßnahmen sind

- der Aufbau bzw. Ausbau von Riegelstellungen
    - an natürlichen Hindernissen wie Flüssen,
    - an „künstlichen" Hindernissen, wie Straßen, Wege, Bahnlinien o.ä. bzw.
    - an extra vorbeugend oder in der akuten Lage geschaffenen Wundstreifen
    - an besonders zu schützenden Objekten (vgl. Abb. 109).
- das Schaffen von künstlichen Wundstreifen
- das Einrichten von Schutzstreifen (durch Graben, Fräsen, Brennen, Mittel- bzw. Schwerschaum).
- Vorfeuer und natürlich jeweils
- das ständige Kontrollieren, ggf. Erneuern und Verteidigen (dieser (geschaffenen) Widerstandslinien.

Bestandteile defensiver Einsatztaktik sind auch alle Unterstützungsmaßnahmen (Wasserförderung bzw. -transport), Wegebau (vgl. Kap. 7.4) usw.

Vorfeuer

Vorfeuer dienen dazu, potenziell Brandflächen vor Eintreffen einer Feuerfront kontrolliert abzuflämmen, um den Brennstoff zu verbrauchen, also auch eine Schneise zu legen (dies wird auf engl. auch als „burnout“ bezeichnet) bzw. einzelne Teile der Feuerfront zu brechen oder zu schwächen. Sie sind daher Mittel der defensiven Einsatztaktik. Sie werden i.d.R. in Windrichtung vor dem Feuer in Streifen oder von einer Ecke aus, beginnend an einem natürlichen Hindernis (Straße, Weg, Fluss, offenes Feld o.ä.) oder einem geschaffenen Wundstreifen, so angelegt, dass sie immer kontrollierbar bleiben. Das benötigt ausreichend viel Zeit und genaue Planung sowie die richtige Ausrüstung und Ausbildung.

Vorsorgendes (Aus-)Brennen (engl. „prescribed burning“) ist kein Vorfeuer, sondern eine waldbauliche, vorbeugende Maßnahme. Es wird am besten dann durchgeführt, wenn aufgrund der Wetter- und Vegetationsbedingungen ein unkontrolliertes Feuer aufgrund der parallelen Feuerkontrollmaßnahmen (Steuern, Löschen) nicht entstehen kann.

Wundstreifen

Ein Wundstreifen wird durch Entfernen der brennbaren Vegetation u.U. inkl. der oberen Bodenschicht geschaffen. Ein Schutzstreifen kann auch durch ständiges Benässen (auch z.B. über Beregnungsanlagen oder Düsenschläuche) bzw. Einschäumen geschaffen werden.

Gerade bei windgetriebenen Großbränden ist ohne ausreichend breite Schneisen (Wundstreifen, Waldbrandriegeln, entweder gegraben, gefräst oder gebrannt), an denen das Feuer gestoppt werden kann, kein echter Einsatzerfolg möglich, wenn es nicht durch Wetteränderung (z.B. Starkregen) zu massiven Änderungen der Lage kommt. Achilles (1976) berichtet von Schneisen von 80 – 100 m Breite, die bei den großen Waldbränden von 1975 mit Hilfe von Bundeswehr und Kräften der Forstwirtschaft geschlagen wurden, um der Ausbreitung des Feuers Einhalt gebieten zu können. Er beschreibt aber auch, dass „Anlage und Durchführung der Arbeiten an dieser breiten Schneise „,… wiederholt Anlass zu scharfen Meinungsverschiedenheiten und Auseinandersetzungen in der Einsatzleitung“ gaben. Bartels (1976) beschreibt in der Folge auch deutlich, dass „sich die Anlage der Schneisen bewährt (hat), soweit sie rechtzeitig fertiggestellt wurden. Brandwalzen wurden gestoppt oder im Umfang derartig verkleinert, dass der herkömmliche Löschangriff vorgetragen werden konnte.“

Derart breite Schneisen werden am besten präventiv angelegt – und mindestens jährlich kontrolliert, ob sie nachgebessert werden müssen, um ein Zuwachsen zu verhindern. In einigen Ländern gehört das Anlegen von Schneisen bzw. Waldbrandschutzstreifen oder -riegeln zu

Abb. 141: Das Feuer auf einem trockenen Stoppelacker mit Strohballen wird zunächst an einem „natürlichen" Hindernis (Straße) sowie durch einen mit Traktoren durch Umpflügen geschaffenen Wundstreifen begrenzt. Diese Linie wird verteidigt und z.B. durch eine weitere ergänzt. Trotz Wind gelingt es danach, das Feuer innerhalb des bzw. unmittelbar am Wundstreifen abzulöschen.

Abb. 142: Durch Pflügen geschaffener Wundstreifen als Schutz für das nachfolgende Abflammen der Vegetationsreste nach der Ernte. Er ist zu schmal, wurde an einer Stelle bereits mit übergewehtem Stroh teilweise bedeckt und würde bei nur etwas Wind schnell vom Feuer überwunden.

Abb. 143: Folgen unzureichender Wundstreifen sind schnell großflächige Brände – hier im Bild erkennbar. Die gesamten, auch die nicht bewirtschafteten Hügel im Bildhintergrund (im Landesinneren von Sizilien) waren von diesem Brand betroffen!

den in den einschlägigen Landeswald- und -forstgesetzen vorgesehenen waldbaulichen Maßnahmen. Prüfen Sie daher in jedem Fall auch hier die lokalen Gegebenheiten, am besten zusammen mit den zuständigen Förstern.

Das Problem bei z.T. riesigen Flächen und oft recht weit verteilten Eigentumsverhältnissen ist jedoch die praktische Kontrolle der Maßnahmen, die in der Durchführung in der Verantwortung des Eigentümers (bzw. je nach Vertragslage ggf. auch Pächters) und in der

Abb. 144: Ausbildung des manuellen Anlegens von Wundstreifen mit geeignetem Handwerkzeug (hier mit Mac Leod-Tool, vgl. Kap. 6.2).

Abb. 145: Wundstreifen durch Vorfeuer mittels Flämmkanne (Drip Torch, rechts) bzw. Signalfackel (links im Bild). Im Hintergrund die Absicherung der Maßnahme durch ein TLF, damit nicht aus dem Vorfeuer ein unkontrollierter Brand entsteht.

Abb. 146: Gleiches Verfahren, nur über eine aus dem „Fenster" des Kettenfahrzeugs gehaltene Flämmkanne.

Kontrolle bei der jeweils zuständigen Forstbehörde liegen.

Wundstreifen sollten mindestens die doppelte Breite der zu erwartenden Flammenlänge haben. Die Flammenhöhe bei Stoppelfeldbränden erreicht allerdings problemlos bereits einige Meter! Soll dementsprechend in einem ausgewachsenen Wald eine sichere Feuerschneise angelegt werden, so muss diese dann entsprechend auch je nach Bewuchshöhe und -dichte bei einem Voll- bzw. Wipfelfeuer 50 – 100 m breit werden.

Ein häufiger Fehler bei Schneisen bzw. Wundstreifen z.B. in Südeuropa in der dort noch weit verbreiteten Aschedüngung ist es, dass die Wundstreifen für die Verhältnisse, z.B. am Hang, mit Wind, mit über den Streifen gewehten brennbaren Teilen, häufig zu schmal ausgeführt werden, vgl. Abb. 143 und dann viel zu leicht vom Feuer überwunden werden. Dies ist sicher mit ein Grund für viele der großflächigen Vegetationsbrände in diesen Regionen. Die grundsätzlichen Probleme von Wundstreifen sind in Mittel- und Nordeuropa die gleichen.

Wundstreifen auf Ackerflächen können am besten mit Traktoren mit einem Pflug oder einer Bodenfräse geschaffen werden.

Wundstreifen im unwegsamen Gelände müssen mit kleineren Bodenfräsen (z.B. mit Kettenantrieb oder mit der Hand geschaffen werden. Wenn sie mit der Hand geschaffen werden, kann bei ausreichend viel Personal auf einer gedachten bzw. vorgegebenen Linie (z.B. vom Einheitsführer mit Sprühfarbe am Boden markiert) parallel gearbeitet werden.

Aereal Ignition

Ähnliche – aber noch größer dimensionierte – Vorgehensweisen werden unter dem Stichwort „Aereal Ignition“ (Flächen in Brand setzen) vom USDA (2011) beschrieben. In den USA werden dazu für große Flächen auch Flämmeinrichtungen (Flammenwerfer) auf Fahrzeugen genutzt, womit Brennstoff unter Druck ausgebracht und entzündet wird. Außerdem ist die Verwendung einer Heli Torch beschrieben. Dabei wird von einem Hubschrauber aus einer an einer Longline hängenden, speziellen Tankvorrichtung eine brennende Flüssigkeit ausgebracht. Damit können sehr schnell große Bereiche abgedeckt werden. Es wird beschrieben, dass es im Vergleich zu Bodenmannschaften durchaus kosteneffizient ist. Neben dem Anlegen von Wundstreifen (defensive Maßnahme) sind auch offensive Maßnahmen möglich, diese sind in Kap. 7.1.3 beschrieben.

Vorfeuer benötigen gute Planung, die richtige Ausrüstung und v.a. die nötige Ausbildung der Führungskräfte und Mannschaften. Sie sind wirkungsvoll und werden v.a. in USA, Südeuropa und Australien mit Erfolg verwendet. In Europa findet derzeit i.d.R. nur die Verwendung von Flämmkannen statt. In Deutschland können das nach bisherigen Erkenntnissen außer wenigen Spezialisten z.B. des GFMC in Freiburg nur wenige Einsatzkräfte meist von privaten NGO´s wie z.B. von @fire.

Wundstreifen im Wald müssen mit großen Geräten (Holzerntemaschinen, Raupen, Radlader, Bergepanzer o.ä.) geschaffen werden. I.d.R. wird dazu erst eine Linie – ein Leit-Wundstreifen – geschaffen, der dann verbreitert wird. Dieser Leit-Wundstreifen kann auch als Behelfsweg mit Kettenfahrzeugen geschaffen werden, um danach auch Radfahrzeuge (Baumaschinen) besser einsetzen zu können.

Das aufgeschobene Material (brennbare Vegetation) wird am besten auf der vom Feuer abgewandten Seite zu einem Wall geschoben. Dadurch liegt in Richtung Feuer Mutterboden und aufgeschobenes Wurzelwerk mit Erde, während der besser brennbare oberirdische Bewuchs v.a. auf der vom Feuer abgewandten Seite zu liegen kommt. In diesem Wall sollten ausreichend häufig (z.B. all 50 – 100 m) Öffnungen geschaffen werden, um ggf. Flugfeuer im Hinterland bekämpfen zu können. Im Endausbau sollte hinter dem Wall noch eine Behelfsstraße gebaut werden, um auch mit Fahrzeugen hier schnell eingreifen bzw. die Feuerschneise absichern zu können. Die eigentliche Feuerschneise selbst sollte möglichst nicht als Fahrweg für Einsatzfahrzeuge genutzt werden, wenn das Feuer auf diese Schneise zuläuft. Das

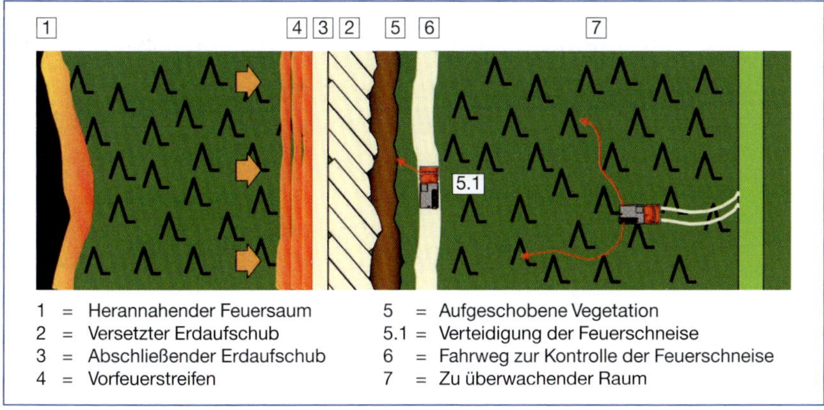

Abb. 147: Wundstreifen, natürliche Hindernisse sowie Sicherungsmaßnahmen ergeben eine Haltelinie

Risiko, auf dieser Feuerschneise in der Weiterfahrt blockiert oder gar eingeschlossen zu werden, ist relativ groß. Scheinbar freie Forstwege können plötzlich durch umgestürzte Bäume blockiert werden, wenn diese im Wurzelstock ausgebrannt sind. Aus diesem Grund sollte in derartigen Gebieten auch eine Motorsäge mit entsprechendem Zubehör mitgeführt werden, um notfalls den Weg freischneiden zu können[1]. Es ist schon vorgekommen, dass Kräfte eingeschlossen wurden, indem Bäume hinter ihnen umgestürzt sind und somit ein Zurücksetzen nicht mehr möglich war.

Fahrzeuge, die auf Feuerschneisen oder den behelfsmäßig dort geschaffenen Wegen eingesetzt werden,

- **müssen für das jeweilige Gelände geeignet und geländegängig sein, da es sich in keinem Fall um ausreichend befestigte Feldwege, sondern immer um provisorische Fahrspuren handelt,**
- **müssen über geeignete Kommunikationsmittel verfügen, um Rückmeldungen abgeben, Einheiten anfordern oder Hilfe rufen zu können,**
- **sollten möglichst nicht nur mit einem Fahrer besetzt sein, um sich bei Problemen besser selbst helfen zu können,**

[1] Das schließt den Einsatz von Kradmeldern in entsprechend gefährdeten Bereichen grundsätzlich aus, weil weder die nötige Ausrüstung noch PSA mitgeführt werden kann und man alleine sowieso nicht viel machen kann!

sollten über ein Mindestmaß an Werkzeugen (z.B. (Motor-) Säge, Spaten, Abschleppseil, Sandbleche etc.) verfügen, um sich wenigstens behelfsmäßig selbst helfen zu können, wenn man sich festfährt oder ein Hindernis im Weg liegt.

Die Abb. 85 (rechts) zeigt eine durch Pioniere der Bundeswehr angelegte breite Schneise als Wundstreifen bei Lübtheen. Dazu wurde ausgehend von einem Waldweg mit Pionierpanzern dieser verbreitert. Beachten Sie, dass auf der Schneise ohne weitere Maßnahmen des Wegebaus nur hoch geländegängige Fahrzeuge eingesetzt werden können. In jedem Fall sind Einheiten notwendig, diese Wege dann auch während des Einsatzes befahrbar zu halten, z.B. mit dem THW und privaten Firmen mit Baumaschinen.

Einigeln

Die letzte Form der defensiven taktischen Maßnahmen ist das Einigeln einer eingeschlossenen Einheit. Diese Maßnahme ist aber extrem abhängig von der vorhandenen Vegetationsform und den Geländeverhältnissen und lässt sich nicht grundsätzlich auf alle Einsatzgebiete übertragen. Grundsätzlich sollte natürlich vorher alles unternommen bzw. beachtet worden sein, damit das nicht passiert. Kommt es doch dazu, setzt diese taktische Option eine entsprechende technische Ausrüstung der Fahrzeuge voraus (vgl. Kap. 5.1.6 und 6.3). Dazu gehören v.a. eine Sprühschutzeinrichtung, möglichst ein Notvorrat im Tank, der ohne bewusste Entscheidung nicht abgegeben werden kann sowie das rechtzeitige Erkennen der herannahenden Notsituation mit anschließendem entschlossenem Handeln. Mitglieder französischer Waldbrandeinheiten berichteten dem Herausgeber, dass derartiges Einigeln (entweder in der geschützten Kabine des Fahrzeugs alleine, oder in der Wagenburg) durchaus mehrfach im Jahr zum Einsatz kommen soll und die Überlebenswahrscheinlichkeit der Besatzung dann deutlich höher sei. Bei Vergleichen mit Deutschland ist aber zu beachten, dass die Stärke und Ausrüstung der Feuerwehren in Deutschland mit Ausnahme der Sonderfahrzeuge bzw. Spezialeinheiten zur Waldbrandbekämpfung bes-

Abb. 148: Einigeln einer französischen Waldbrandeinheit in einer Wagenburg mit entsprechend ausgestatteten Fahrzeugen als letzte Verteidigungslinie, die eine eingeschlossene Einheit hat.

ser sein dürfte und in Deutschland weniger heiße Temperaturen bei gleichzeitig starken Winden in schwierigem Gelände auftreten. (Die französischen Einheiten gehen mit relativ geringen Einheitsstärken sehr aggressiv vor.)

Aus den vorliegenden Einsatzerfahrungen können damit folgende Grundlagenvorgaben für die defensive Einsatztaktik extrahiert werden:

1. Auch defensive Maßnahmen müssen rechtzeitig und aktiv geplant werden. Dazu gehört die Erkundung des Ausmaßes, der Lage und daraus die Einschätzung der Ausbreitung.
2. Die zur Verfügung stehenden Möglichkeiten (z.B. „natürliche“ Hindernisse, Wund- bzw. Schutzstreifen, Vorfeuer) müssen lage- und vegetationsbedingt passend eingesetzt werden. Dies kann bedeuten, dass verschiedene taktische Varianten an einer Einsatzstelle zum Einsatz kommen können.
3. Was, wo, wann, von wem ggf. wie gemacht werden soll, muss klar befohlen werden. Das gilt insbesondere für Beginn, Verlauf und Ende sowie die notwendige Breite der nötigen Verteidigungslinie, die stark abhängt von der Windrichtung und -stärke, den Möglichkeiten, die Linie selbst sowie ggf. das Hinterland der Verteidigungslinie verteidigen zu können und den zur Verteidigung einsetzbaren Mitteln (nur Fußtrupps, Fahrzeuge, Luftfahrzeuge). Außerdem muss angewiesen werden, ob ggf. Schaum als Mittel für die Schaffung bzw. Absicherung der Feuerschneise genutzt werden soll. Dafür eignen sich v.a. Mittel- und Schwerschaum oder gelbildende Löschmittel wie Firesorb (o.ä.), in keinem Fall jedoch PFT-haltige Schaummittel wie AFFF o.ä. (de Vries, 2008). Leichtschaum wurde in der ehem. DDR ebenfalls zur Absicherung von Schneisen benutzt und von speziellen Fahrzeugen mobil ausgebracht. Insbesondere bei windigem Wetter ist eine Leichtschaumbarriere aber nicht sehr stabil.
4. Auch für die defensiven Maßnahmen müssen ausreichend und dafür ausgebildete Einsatzkräfte, geeignete Fahrzeuge (vgl. Kap. 6.3) und die richtigen Geräte (vgl. Kap. 6.2) vorhanden sein.
5. Soll ein Vorfeuer eingesetzt werden, müssen die Einsatzkräfte dafür speziell ausgebildet sein und die Maßnahme abgesichert werden.

Abb. 149: Kontrollieren und Ablöschen von Verteidigungslinien erfordert Pump&Roll-fähige Fahrzeuge. Zielgerichtetes Einsetzen von handgeführten Rohren vom Fahrzeug verbessert die Einsatzgenauigkeit und reduziert die Verschwendung des i.d.R. knappen Gutes „Löschwasser“.

Insgesamt ist man nach Auswertung der Einsätze, Übungen und Ausbildungsunterlagen in Deutschland weit davon entfernt, eindeutige taktische Vorgaben bzw. Ausbildungsunterlagen zum defensiven Vorgehen zu haben. Es fehlen vielerorts alle Grundlagen. Eine Weiterentwicklung der ggf. aus der Vergangenheit oder dem Ausland bekannten Taktiken findet nicht statt. Forschung zu dem Bereich ist mit wenigen kleineren Ausnahmen z.B. bei @fire kaum existent.

7.1.3 Offensive Einsatztaktik

Zu den Bestandteilen offensiver Einsatztaktik gehört jeder initiale und direkte Angriff auf ein Feuer sowie alle Unterstützungsmaßnahmen dafür (Wasserförderung, -transport), Wegebau (vgl. Kap. 7.4) usw.

Kleine Feuer werden natürlich sofort und energisch offensiv bekämpft, um zu verhindern, dass sich das Feuer durch größere betroffene Flächen und intensiveren Abbrand verstärken und ausbreiten kann. Dies ist bei kleinen und auf den ersten Blick überschaubaren Bränden natürlich die Regel und auch richtig. Bei unüberlegter Vorgehensweise mit einer oder ggf. mehreren schnell verlegten Leitungen bzw. „Schnellangriffsschläuchen" bindet man bei größeren Feuern unnötig Ressourcen (Einsatzkräfte, Fahrzeuge), verschwendet oft Löschwasser und sogar möglicherweise das Einsatzpersonal sowie die Fahrzeuge und Geräte.

Der formstabile S-Schlauch ist i.d.R. fest mit seiner Haspel verbunden, er kann also im Gefahrenfall nicht schnell abgekuppelt werden, um mit dem Fahrzeug zu flüchten. Deshalb darf ein S-Schlauch auch bei Vegetationsbränden nur verwendet werden, wenn man sich sicher ist, das Feuer mit diesem Rohr auch erfolgreich bekämpfen zu können!

Abb. 150: Auch mit Handwerkzeugen wie Feuerpatschen kann ein Feuer offensiv und gut bekämpft werden, wenn die Größe der Flammen dies noch zulässt. Hier im Löschangriff von der Seite und mit Gesichtsschutz. (Ein geeigneter Augenschutz über eine dicht schließende Schutzbrille wäre hier die bessere Wahl, aber viele Feuerwehren verfügen nicht darüber.)

Abb. 151: Frontale Löschangriffe auf windgetriebene Feuer mit handgeführten Werkzeugen oder Strahlrohren sind i.d.R. sinnlos und gefährlich. Man kommt ohne Atemschutz selten nahe genug, um wirksam angreifen zu können und kann nicht schnell genug reagieren, wenn sich die Windrichtung spontan ändert. Hier flüchtet der Trupp und versucht den Schlauch zu retten.

Der S-Schlauch sollte ansonsten dem Maschinisten als Eigenschutz zur Verfügung stehen, während die eigentliche Brandbekämpfung mit wassersparenden und leichten/beweglichen D-Druckschläuchen durchgeführt wird.

Der Einsatz eines kleinen Werfers kann im Vegetations- bzw. v.a. Waldbrand eine sinnvolle taktische Maßnahme sein, wenn damit die Ausbreitung in einen größeren Bestand oder in Kronen von Bäumen verhindert werden kann. In vielen Fällen wird das Wasser aber wenig gezielt eingesetzt und damit verschwendet.

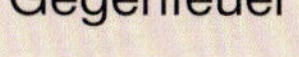

Gegenfeuer sind ebenfalls offensive Maßnahmen und werden vor bzw. eben gegen ein Feuer entzündet. Dies geschieht gegen die Ausbreitungsrichtung des anlaufenden Feuers und vor der Linie, an der das Feuer kontrolliert bzw. gestoppt werden soll, um

- dem Feuer Brennstoff und Sauerstoff zu nehmen, oder
- einzelne Teile der Feuerfront zu schwächen oder
- in der Ausbreitungsrichtung zu beeinflussen.

Im Gegensatz zum Vorfeuer (defensive Maßnahme, vgl. Kap. 7.1.2) steht beim Gegenfeuer weit weniger Zeit zur Verfügung. Das Gegenfeuer wird sehr kurz vor der herannahenden Feuerfront gelegt. Dies kann daher in der Praxis nur mit dem Wind hangabwärts (wenn sich ein Feuer z.B. hangaufwärts, aber gegen den Wind vorarbeitet) bzw. hangaufwärts (z.B. mit einem mit dem Wind hangabwärts laufenden Feuer) oder durch den Windsog eines herannahenden größeren Feuers

Abb. 152: Offensiver Löschangriff auf die Flanke des gleichen Vegetationsbrandes ermöglicht die gefahrlose Annäherung und gute Bekämpfung.

geschehen. Gegenfeuer erfordern genaue Kenntnisse des Geländes, des Brandes und der Wettervorhersage sowie vorbereitete Gegenmaßnahmen und genau erkundete Fluchtwege. Außerdem muss die Maßnahme insbesondere an die Luftfahrzeuge kommuniziert werden, damit diese nicht die vermeintlich für die nahen Bodenkräfte gefährlichen Flammen des Gegenfeuers von oben löschen.

Abb. 153: Der Werfereinsatz muss gezielt gesteuert werden. Außerdem muss das Fahrzeug über Pump&Roll-Möglichkeiten verfügen und der Werfer direkt und sicher auch während der Fahrt bedient werden können.

Wie beim defensiven Vorgehen gibt es auch hier neben dem manuellen Vorgehen mit Flämmkannen (Drip Torch) grundsätzlich größer dimensionierte Verfahren, die unter dem Stichwort „Aerial Ignition" (Flächen aus der Luft in Brand setzen) vom USDA (Forest Service-Engineering), 2011, beschrieben werden. Es werden dafür Anhänger und Hubschrauber verwendet, vgl. Kap. 7.1.2. Aerial Ignition wird hier vom USDA für folgende Anwendungsfälle beschrieben:

- „a fire suppression tool on large project fires": Bei sehr großen Bränden zur Unterdrückung des Feuers (die taktische Grundidee ist, durch den Zusatzbrennstoff die Abbrandrate in der Flammenlinie so zu erhöhen, dass die Thermik das Feuer nach oben reißt und es damit weniger zur Ausbreitung in Richtung unverbranntem Gebiet geht).
- „aerial marking tool": Bestimmte Bereiche zu kennzeichnen (um sie aus der Luft besser erkennen zu können).
- „backfiring operations": Gegenfeuer, s.o.

Gegenfeuer benötigen eine noch bessere Planung, die richtige Ausrüstung und v.a. die nötige Ausbildung der Führungskräfte und Mannschaften, als dies für Vorfeuer bereits umfassend erforderlich ist.

In der EU finden seit 2020 zum Einsatz von Feuer als Brandbekämpfungsmittel weitere Untersuchungen und Forschungsprojekte statt.

7.1.4 Nachlöscharbeiten

Die Auswertung der Einsätze aus den letzten Jahrzehnten ergab sehr viele große bzw. lang dauernde Brände, die sich aus kleineren Feuern entwickelten, oder wiederholte Einsätze an größeren Brandstellen, die nicht richtig bzw. nachhaltig gelöscht wurden, vgl. Kap. 5 und Cimoli-

NO (2014). Stellenweise kam es noch **mehrere Wochen** (!) nach einem Brand zu einer erneuten Entzündung. Dies führt zu der Erkenntnis, dass der Löschangriff nicht nur gut geplant, energisch und durchgreifend, sondern auch nachhaltig durchgeführt werden muss.

Abb. 154: Nachlöschen mit hohem Druck sorgt für tiefes Eindringen des Löschwassers in den Boden.

Dies erfordert immer eine Kombination der Maßnahmen:

Maßnahmen

- Aufbringen von viel Löschwasser unter ausreichend hohem Druck. (Funktioniert nur bei ausreichend Löschwasser, gut mit Fahrzeugen erreichbaren Einsatzstellen und Böden, die damit gut erreicht bzw. durchdrungen werden können; Glutnester unter Wurzelstöcken oder in tieferen Bodenschichten könnten damit nur schlecht erreicht werden. Die Verwendung von Netzmittel verbessert die Eindringfähigkeit in den Boden, vgl. DE VRIES (2008).)
- Freilegen und Ablöschen von Glutnestern im Boden oder in Stämmen bzw. Wurzelwerk mit geeigneten Handwerkzeugen (vgl. Kap. 6.2).
- Kontrolle des Gebietes mit Wärmebildkameras (ggf. aus der Luft, vgl. Kap. 2.4.3).
- Nachschau der Brandstelle durch wiederholtes Begehen oder Befahren.

Abb. 155: Das Aufgraben von Glutnestern und das Nachlöschen von aufgegrabenen oder offenen Glutnestern kann gut und gezielt mit den tragbaren Werkzeugen und Löschgeräten erfolgen.

Abb. 156: Sind größere Haufen von organischem Material betroffen, die nur schwierig manuell umgeschichtet werden können, können für das Schaffen eines Zugangs zu Glutnestern oder das Umgraben von organischen (und damit brennbaren) Böden (z.B. Torf) auch entsprechende Maschinen genutzt werden.

Abb. 157: Nachlöscharbeiten müssen auch in schwierigem Gelände sorgfältig durchgeführt werden, um zu verhindern, dass Brände wieder aufflammen. Hier im Steilhang abgesicherte Nachlöscharbeiten mit Spitzhacke und Strahlrohr.

Abb. 158: Das mehr oder weniger ungezielte Abwerfen von teuer durch die Luft transportiertem Löschwasser als Nachlöschaktion ist wenig wirksam und muss in jedem Fall am Boden nachkontrolliert werden.

7.2 Führung und Führungseinheiten

Für jeden größeren Einsatz werden Führer, Unterführer und ab einer gewissen Größe auch Führungsgehilfen bzw. spezielle Führungseinheiten benötigt. Die Grundlagen dafür finden sich in der FwDV 100. Siehe zu den Grundlagen der Einsatz- und Abschnittsleitung GRAEGER et al. (2009) bzw. CIMOLINO et al. (2010) zu Führung in Großschadenslagen.

Abb. 159: Stabsunterstützungssoftware (hier: metropoly BOS der Fa. Geobyte) im ELW 1 der Feuerwehr Essen.

Aufgrund der Vielzahl der beteiligten Einheiten bzw. Kräfte verschiedener Feuerwehren, Hilfsorganisationen, der (Bundes-)Polizei und ggf. der Bundeswehr sowie Fachbehörden wie Forstämter und Spezialisten wie Meteorologen (vgl. Kap. 7.3) ist es notwendig, diese von Anfang an in geeigneter Weise zusammenarbeiten zu lassen – also möglichst auch für die verschiedenen Führungsebenen aggregativ zu vernetzen.

Auch die Besatzung von Führungsfahrzeugen – gerade von einzeln fahrenden Kleinfahrzeugen (z.B. (Krad-)Melder) – muss die Grundlagen der Gefahren bei der Vegetationsbrandbekämpfung kennen, um Gefahren schnell erkennen zu können bzw. nicht in gefährdete Bereiche einzufahren!

Heute ist der Einsatz vernetzter Systeme sowohl stationär bzw. (halb-)mobil auf PC (vgl. oben) bzw. auch hochmobil (z.B. auf Tablet-PCs) möglich.

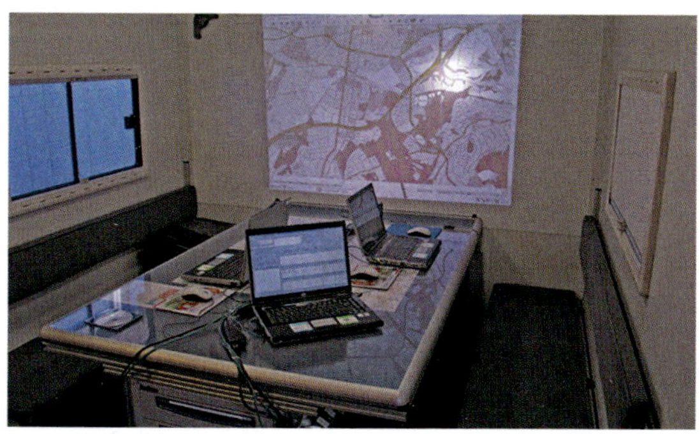

Abb. 160: Stabsunterstützungssystem im ELW 2 der Feuerwehr Essen.

Abb. 161: Stabsunterstützungssystem in einer mobilen Führung (Zelt).

Vernetzte Führung

Bei großen Vegetationsbrandlagen mit dann größeren Entfernungen zwischen den Abschnitten bzw. (Führungs-)Fahrzeugen muss die Vernetzung statt über Mesh-WLAN ggf. über leistungsfähige, möglichst gebündelte Mobilfunkverbindungen oder in abgelegenen Bereichen auch über Satelliten erfolgen, weil für Mesh-WLAN bei großflächigen Ereignissen die Entfernungen zu groß werden.

Abb. 162: Bei der Benennung der Abschnitte müssen die Bezeichnungen eindeutig sein. (In Laufrichtung des Feuers ist die rechte Flanke besser und eindeutiger als „Feuerfront" bzw. „vor dem Wind". Dreht der Wind, kann plötzlich die Südflanke „vor dem Wind" sein!)

Die vernetzte Führung in Einsatzorganisationen bzw. zwischen verschiedenen Organisationen und über diese hinweg in Verwaltungsstäbe der Ebene Bezirksregierung oder Bundesland bzw. bis auf die Bundesebene steckt auch 20 Jahre nach unseren ersten Veröffentlichungen dazu in der Praxis immer noch in den Kinderschuhen.

Ansätze dazu sind zwar seit Jahren bekannt, aber leider sind die verschiedenen Anbieter der Systeme der Softwareseite von Leitstellentechnik bzw. Stabsunterstützungssystemen nicht ohne weiteres kompatibel. Betrachtet man die unterschiedliche Hard- und Softwarefamilien, so wird das Schnittstellenproblem noch komplexer.

7.2.1 Führungskräfte

Vegetationsbrände haben grundsätzlich das Potenzial zu Großbränden im Sinne der DIN 14010. Daher ist – abgesehen von eindeutigen Bagatelleinsätzen – v.a. bei entsprechender Wetterlage davon auszugehen, dass mehr als ein Fahrzeug, meist auch mehr als ein Zug benötigt wird. Die Einsatz- und Abschnittsleiter müssen daher über eine Ausbildung verfügen, die es ihnen ermöglicht, die Einheiten taktisch richtig zu führen. Dazu gehört neben dem allgemeinen Führungswissen auch ein ausreichendes fachliches Grundlagenwissen (hier zur Vegetationsbrandbekämpfung), um – dem Regelkreis der FwDV 100 entsprechend – richtig erkunden, mit den Ergebnissen entscheiden, daraus die richtigen Anweisungen geben und die Ausführung kontrollieren zu können.

Qualifikation und Ausbildung

Die Qualifikation für den Einsatzleiter bei Einsätzen mit mehr als einem Zug muss dementsprechend dann Verbandsführer sein. Die Zugführer müssen mindestens über eine Zugführerausbildung verfügen. Da auch „klassische Züge“ häufig bei Vegetationsbränden zu verstärkten Zügen oder ganzen Abschnitten mit mehreren Zügen aufwachsen, sollten Zugführer ebenfalls über Kenntnisse in der Führung von Verbänden bzw. gemischten Einheiten und in der Zusammenarbeit verschiedener Fachdienste (z.B. Hilfsorganisationen, THW, technische Einheiten bzw. Sondereinheiten der Polizei und der Bundeswehr) haben.

Derzeit gibt es in Deutschland mit wenigen Ausnahmen keine spezialisierte, oder auch nur allgemeine Grundlagen der Vegetationsbrandbekämpfung umfassende, Führungskräfteaus- und -fortbildung. Im Gegenteil muss davon ausgegangen werden, dass es bei Großeinsätzen mit Verbänden verschiedener Bundesländer allein schon aufgrund der völlig anderen Führungsbegriffe, Sprechfunkmöglichkeiten (Geräte, Digital- bzw. Analog- ggf. auch noch Flugfunk), Funkrufnamen und taktischen Strukturen sowie – sofern überhaupt vorhanden – spezieller Einsatztaktik wieder zu Problemen kommt, wie sie im Nachgang zu den sehr großen Einsätzen mit Einsatz von Einheiten aus verschiedenen Bundesländern von v.a. 1975 und 1992 immer wieder beschrieben wurden, vgl. Kap. 5.

Notwendig ist hier möglichst schnell – und nicht nur für die effiziente Bekämpfung von größeren Vegetationsbränden – eine Vereinheitlichung der Führungsbegriffe, der taktischen Grundstrukturen und der Kommunikationstechnik.

Gelingt das nicht übergreifend und für alle, muss es spätestens im Einsatz vereinbart werden – das kostet allerdings Zeit und Nerven...

7.2.2 Führungsgehilfen und -unterstützungspersonal

Für größere Einsatzlagen ist entsprechend der FwDV 100 (bzw. der alten FwDV 5) auch eine ausreichende Anzahl an Führungsgehilfen und -unterstützungskräften notwendig. Dies reicht vom Fahrer des ELW 1 bzw. den Gruppenführer z.b.V. auf Löschzugebene bis hin zu Erkundungskräften, Mitarbeitern in Stäben bzw. „Backoffice-Bereichen" z.B. beim S 4, S 5, S 6 oder EDV-Hilfspersonal in der Einrichtung und im Betrieb von Stäben. Auch heute noch kann es in Teilbereichen eines Stabes, in einem Gebäude, das von der Führung genutzt wird, oder zwischen Einheiten erforderlich sein, mit Boten, oder (Krad-)Meldern zu arbeiten, um Nachrichten zuverlässig zu überbringen. Insbesondere wenn durch Systemausfall (kritische Infrastruktur betroffen?), polizeiliche oder militärische Maßnahmen (z.B. Unterbrechung der Mobilfunknetze im Zuge der Terrorabwehr) übliche Kommunikationswege und -systeme (z.B. WLAN) nicht mehr genutzt werden können.

7.2.3 Kommunikation

Kommunikation ist wesentlicher Bestandteil jeder Führung. Die Fernmeldeplanung muss u.a. folgende Einsatzbeteiligte und ihre Besonderheiten berücksichtigen:

- Einheiten der „nicht-polizeilichen Gefahrenabwehr" (z.B. Feuerwehr, Rettungsdienst, THW, Bergwacht, DLRG) und ihre Ausstattung,
- Einheiten der polizeilichen Gefahrenabwehr,
- Beteiligte militärische Einheiten, also Bundeswehr sowie andere Streitkräfte,
- Ordnungsbehörden, Forst etc,
- Firmen mit Sonderfahrzeugen (Holzvollernter, LKW, Baumaschinen etc.).

Während mit Einheiten der Gefahrenabwehr im analogen BOS-Funkverkehr i.d.R. die notwendigen Kanäle auf den Funkgeräten schaltbar sind (u.U. ist dies bei alten Handfunkgeräten noch ein Problem),

Abb. 163: Mobile Büroausstattung der Feuerwehr Düsseldorf mit Rollcontainern, sog. Stage Cases (Bühnenkoffern), hier bei einer standortverlagerten mehrtägigen Ausbildung in einem Truppenübungsplatz im Schlaf-/Büroraum der Führung. Sämtliche Bürotechnik bis hin zur Datenfernkommunikation über Email ist mit der mitgeführten bzw. untergebrachten Ausrüstung vorhanden bzw. bei Bedarf aufbaubar.

verfügen militärische Einheiten mit wenigen Ausnahmen z.B. bei den SAR-Einheiten über keine BOS-, sondern spezielle militärische Funkgeräte! Alle anderen haben vielleicht noch eigene Betriebsfunkmöglichkeiten mit unterschiedlicher Ausstattungstiefe und sehr divergierender Funkversorgung im Gebiet. Meistens verfügen sie aber nur über Mobiltelefone.

Es muss daher damit gerechnet werden, diese „fremden" Kräfte bzw. Einheiten mit der Verteilung von mobilen Funkgeräten (ggf. mit Funkern) bzw. der Bereitstellung von Kommunikations-/Lotsenfahrzeugen erreichbar zu machen. Entsprechende Technik ist in den Führungsfahrzeugen (oder auch in ergänzenden Fahrzeugen, wie z.B. GW-Fernmeldetechnik) mit- oder nachzuführen. Die jeweiligen Kommunikationsmöglichkeiten sind zu erfassen, in Listen bzw. Tabellen verfügbar zu machen und den jeweiligen Einheiten bzw. deren Führern zur Verfügung zu stellen. Hierfür ist das Sachgebiet S 6 im Stab verantwortlich.

Ist es notwendig, in einem Gebäude oder leeren Abrollbehältern bzw. Containern o.ä. eine Führungsstelle bzw. für längere Einsätze für die unterstützenden Einheiten auch eine Art Büro zur Verfügung zu stellen, so bieten sich dafür mobile Büromöbel an, die es z.B. aus dem Veranstaltungssegment gibt.

Fernmeldeplanung

Bei der Fernmeldeplanung und bei der Beobachtung bzw. Begleitung der geplanten Maßnahmen ist zu beachten, dass es in ausgedehnten und dünn besiedelten Gebieten Probleme mit der Kommunikation über Funk, Mobiltelefonie bzw. -fax und natürlich auch Datenaustausch kommen kann, v.a. wenn dann viele gleichzeitig auf einen eher schlechten Netzausbau treffen. Die Weiterleitung der Kommunikation vor Ort muss

Abb. 164: Das THW hält einige wenige spezialisierte Einheiten vor. Diese verfügen über insgesamt 8 sog. Mast-Kraftwagen (ehemals Bundeswehr bzw. Bundespolizei). Mit diesen können auch sonst schlecht erschlossene Gebiete mobil versorgt werden.

Abb. 165: Auch bei den flächigen Waldbränden in Schweden in 2014 musste über eine Gelenkmastbühne der Antennenmast angehoben werden, um den Funkbetrieb sicherstellen zu können. Das Netz der vorhandenen Infrastruktur musste zudem durch einen transportablen Großgenerator ergänzt werden.

ggf. über weitere spezialisierte Einheiten erfolgen. Von diesen wird es allerdings künftig voraussichtlich immer weniger geben. Außerdem wird deren drahtgebundene aber zuverlässige Technik größtenteils heute nicht mehr hergestellt.

Bei den großen Waldbränden 1992 in Brandenburg wurden u.a. Drehleitern als Funkmasten neben ELW benutzt, um eine bessere Ausleuchtung bzw. Reichweite zu erhalten (vgl. MAASS, 1993).

7.2.4 Öffentlichkeitsarbeit

Information und Warnung der Bevölkerung

Der Öffentlichkeitsarbeit kommt bei allen Großeinsätzen eine besondere Bedeutung zu. Nach außen dient sie der Information – ggf. auch der Warnung – der Bevölkerung, nach innen (ggf. auch später) der Auswertung des Einsatzes, dem Lob für die beteiligten Einsatzkräfte und damit der kontinuierlichen Verbesserung der Einsatzqualität. Häufig sind Kräfte der Öffentlichkeitsarbeit auch in die Information der Meldewege (innerhalb der Kommunen, Kreise, Regierungsbezirke, Bundesländer) eingebunden. Kleinere Einsätze können noch von einzelnen Pressesprechern – oder ad hoc dafür abgestellten Einsatzkräften – den Medien vermittelt werden. Größere Lagen benötigen eine qualifizierte, einsatzbegleitende und medienbetreuende Pressearbeit und sicherlich mehr als nur eine Person, die sich darum kümmert. Im Stab ist hier das Sachgebiet S 5 zuständig. Insbesondere die Interessen der Waldbesitzer oder der Politik dürfen dabei nicht außer Acht gelassen werden.

Vegetationsbrände betreffen immer größere Flächen. Werden hier keine Anlaufpunkte für die Medien geschaffen, werden sich diese ihre Wege in die Einsatzstelle selbst suchen und sich dort mit beliebigen Einsatzkräften unterhalten, denen der komplette Lageüberblick fehlen kann. Es sollten daher bei großen Lagen folgende Punkte organisiert sein

- Das Sachgebiet S 5 im Stab muss i.d.R. ständig besetzt sein.
- Der S 5 benötigt heute dazu bei längeren Lagen auch ein „Backoffice“ für die unterstützenden Tätigkeiten z.B. der aktiven Medienarbeit.
- Ein bzw. sogar mehrere Pressesprecher müssen vor Ort zur Verfügung stehen.
- Die eingesetzten Pressesprecher müssen sich mit dem S 5 abstimmen.
- Verschiedene Pressesprecher verschiedener Organisationen müssen sich untereinander z.B. über den S 5 abstimmen. Verantwortlich ist letztlich i.d.R. der eingesetzte Stab – und damit meist die Feuerwehr.
- Ggf. sollten geführte Touren zu Einsatzbereichen mit Interviewpartnern aus verschiedenen Bereichen angeboten werden, um zu verhindern, dass sich die Medien selbst „O-Töne“ organisieren.
- Ansprechpartner und Informationsverteiler für Medien, um Anlaufpunkte, Presseinformationen etc. weitergeben zu können. Hier empfiehlt es sich, entsprechende Übersichten ständig aktualisiert vorzuhalten.
- Die Einsatzkräfte sollten instruiert werden, was gewünscht ist und was nicht. Z.B. sollte die unautorisierte Weitergabe von Fotos oder Aussagen an die Medien vermieden werden.
- Das Einsatzgebiet muss durch Ordnungsbehörden weiträumig abgesperrt werden, um auch sicherzustellen, dass private Personen oder auch Journalisten sich nicht aus Unwissenheit in Gefahr begeben, wie es schon bei mehreren Waldbränden v.a. im Alpenraum der Fall war!
- Die sozialen Medien sollten einsatzbezogen mitgelesen werden. Social Media Monitoring kann mittlerweile auch überregional über die Pressestellen der größeren Feuerwehren unterstützend angeboten werden.

7.2.5 Führungsunterstützung

Großflächige und dynamische Lagen wie Vegetationsbrände benötigen weit mehr Führungsunterstützung als kleine, überschaubare und eher statische Lagen. Lagekarten mit taktischen Informationen müssen erstellt und aktualisiert werden. Informationen für politische Entscheidungsebenen müssen z.B. in einem Krisenstab (KS) oder Stab für Außergewöhnliche Ereignisse (SAE) ebenso schnell aufbereitet und verschickt werden, wie die Informationen an übergeordnete Behörden und natürlich auch an die möglicherweise betroffene Bevölkerung.

Derzeit sind dies in Deutschland bis auf wenige Ausnahmen jeweils Einzelaktionen bei den Feuerwehren, den zuständigen Leitstellen und den dafür eingeteilten Mitarbeitern. Es gibt zwar immer mehr Ansätze für die „vernetzte Führung“, allerdings findet der Einsatz von Stabsunterstützungssoftware in Deutschland fast nur auf der Ebene der Feuerwehren bzw. Leitstellen statt. Es gibt i.d.R. weder die Möglichkeit, auf Daten und Informationen der „Nachbarn“ zurückzugreifen, noch auf die (Informations-) Bedürfnisse der verschiedenen Bereiche (automatisiert) einzugehen, um so Zeit zu gewinnen und Fehlinformationen zu vermeiden.

7.3 Spezialisten

Die besonderen Bedingungen bei großen Vegetationsbränden, die i.d.R. mehrere Stunden oder sogar Tage bis Wochen dauern, bedingen häufig die Heranziehung von Spezialisten. Darunter sind hier Personen mit besonderen Kenntnissen oder Fähigkeiten (auch in Verbindung mit Spezialausrüstung) zu verstehen, die nicht im „normalen Portfolio“ der Feuerwehr oder sonstigen Gefahrenabwehr enthalten sind. Sie kommen z.B. aus den Bereichen

- Forst
- Meteorologie
- Geologen, Geographen etc.
- Flughelfer
- Waldbrandbekämpfungsspezialisten (z.B. @fire)
- Wege- und Straßenbau bzw. -unterhaltung
- (Gelände-)Transportlogistik

7.3.1 Forst

Häufig werden Fachleute aus dem betroffenen Forstbereich (Förster, Waldarbeiter mit besonderen Waldarbeitsmaschinen) sowie ggf.

Abb. 166: Holzvollernter sind aufgrund des Einsatzgebietes mitten im Wald immer voll geländegängig. Es gibt sie als komplette Spezialfahrzeuge bzw. Anbauteile.

auch die Waldeigentümer eingebunden. Sie kennen „ihren" Wald am besten, sie kennen die (noch) befahrbaren Wege auch abseits (möglicherweise veralteter) offizieller Pläne oder gar Wanderkarten. Sie verfügen häufig über besondere Geräte, z.B. Holzvollerntemaschinen sowie teilweise sogar auf Waldbrandlagen spezialisierte Geräte (vgl. Abb. 167). Holzvollernter („Harvester") oder Mulcher (vgl. auch Abb. 121) lassen sich gut zum Schaffen bzw. Verbreitern von Wundstreifen bzw. Schneisen oder ggf. auch für sonstiges Schaffen von Platz (z.B. für einen Sammelraum) und je nach Bauform auch für den direkten Abtransport von gefällten Stämmen einsetzen, wenn dies erforderlich ist. Soll der so geschaffene Raum befahren werden, müssen allerdings i.d.R. noch weitere Baumaschinen (z.B. Raupen, Radlader, Verdichter) zur Verfügung stehen, um die Baumstämme bzw. -stümpfe zu entfernen und die Löcher auszugleichen (vgl. Abb. 130).

Abb. 167: Ähnliche Geräte gibt es auch als Anbauteile für Baumaschinen (hier an einem Raupenbagger).

Unter Umständen gibt es in fernerer Zukunft autonom arbeitende Geräte, um auf Kampfmittelverdachtsflächen auch von Seiten des Forstes bzw. Forstbetrieben im Wald und auf belasteten Flä-

Abb. 168: Spezieller Waldbrandpflug zum schnellen Erzeugen von Wundstreifen in v.a. sandigen Böden. Der Boden wird mitsamt Wurzelwerk vorgeschnitten, aufgebrochen, umgeworfen und festgedrückt. Entwickelt und gebaut wurde er in der ehemaligen DDR. Hier an einem modernen, leistungsfähigen Allrad-Traktor mit Frontlader für Baumstämme, ausgestellt bei der @fire-Fachtagung Wipfelfeuer 2009 in Götz (Havel). Die erreichbare Breite reicht natürlich so allein niemals für ein Feuer aus, ggf. muss mehrfach eine Linie abgefahren und diese auch mit Mannschaft und Gerät verteidigt werden.

chen unterstützen zu können. Dies erleichtert dann ggf. die Brandbekämpfung aus der Luft oder mittels Werfer, indem Wundstreifen frei geschlagen werden. Die TH Wildau hat hierzu 2011 das Projekt AuRoWa „Autonome Robotik im Wald – Holzlogistikoptimierung und Holzmobilisierung durch Munitionsbergung“ auf der Hannovermesse präsentiert.

Leider ist festzustellen, dass nach Umorganisation (Deregulierung, Abbau von Vorschriften) selbst in waldbrandgefährdeten Bundesländern örtlich kaum mehr zeitnah Fachleute vom Forst zur Verfügung stehen, um die Einsatzkräfte zu beraten. Teilweise verfügen Einsatzorganisationen (so auch @fire) über ausgebildete Förster, Forstwirte usw. und können daher auch unterstützen.

7.3.2 Meteorologie und Wetterbeobachtung

Zur Vegetationsbrandbekämpfung ist schon die normale Wettervorhersage wichtig, um die Ausbreitungstendenzen grob einschätzen zu können. Für genauere Abschätzungen und v.a. die Risikoabschätzung für die Einsatzkräfte bzw. gefährdete Gebiete sind aber regionale und aktuelle Aussagen von fachkundigen Meteorologen und die eigene lokale Wetterbeobachtung zusätzlich sehr wertvoll. Das lokale Wetter kann sich v.a. in Windstärke und -richtung drastisch von der „regionalen“ oder gar der allgemeinen Großwetterlage unterscheiden. Werden Luftfahrzeuge eingesetzt, spielt die Wetterbeobachtung und möglichst genaue -vorhersage noch eine weitaus wichtigere Rolle. Um bei (Beinahe-)Unfällen besser abgesichert zu sein, empfiehlt es sich, diese mindestens grob zu dokumentieren (z.B. Einsatztagebuch oder ein automatisiertes Mitschreiben der Wetterdaten).

Führungskräfte müssen wissen, dass sich natürlich auch Temperatur und Luftfeuchtigkeit auf die Brandentwicklung auswirken. Im Tagesverlauf verlaufen beide wie in Abb. 169 beschrieben, der Jahresgangverlauf hat eine vergleichbare Ansicht über die Monate. Für jeden Einsatz müssen die Führungskräfte aufgrund der lokal völlig unterschiedlichen Entwicklungen eine immer wieder aktualisierte

Abb. 169: Die Flammenzungen und Rauch werden vom Wind deutlich nach links gedrückt. Es besteht hier mit Handwerkzeugen keine Chance, die Feuerfront angreifen zu können. Selbst eine C-Leitung reicht dafür aus der Position auf die Länge der betroffenen Feuer-Frontlinie und -tiefe längst nicht mehr aus. Die Einsatzkräfte müssen flüchten.

Tendenzabschätzung machen, wie sich das Feuer dadurch weiter entwickeln wird und wann welche Mittel eingesetzt werden sollten.

Windstärke beachten

Bereits geringe Erhöhungen der durchschnittlich am Brandort herrschenden Windstärke können eine deutliche Vergrößerung der betroffenen und v.a. der gefährdeten Fläche bedeuten[1]. Einzelne Böen (oder böenartige Starkwinde) können längere Flammen unvermittelt nahezu in die Waagrechte – und damit direkt auf an der Feuerfront arbeitende Einsatzkräfte – drücken, verlagern Ruß, Glut und brennende Teile über mehrere hundert Meter und können damit Feuer auch im Rücken von Einsatzkräften entzünden. Von starken Winden getriebene Feuer können in der Front praktisch nur bei Wetter-/Windänderung gestoppt bzw. bekämpft werden. Selbst sehr breite Schneisen reichen dann nicht aus bzw. können mit Spotfeuern übersprungen werden.

Beachten Sie, dass

- **Böen um bis zu 2 Bft über der herrschenden Windstärke liegen und um bis zu 45° um die Hauptwindrichtung scheren können und**
- **der Geländeverlauf hier auch einen erheblichen Einfluss auf die tatsächliche Windrichtung und -stärke haben wird!**

Wetter- und Luftfahrzeuge

Wetterlage und -entwicklung sind während der geplanten bzw. erwarteten und ggf. auch befürchteten Einsatzdauer nicht nur im direkten Brandgebiet, sondern gerade beim Einsatz von Luftfahrzeugen noch in folgenden Bereichen von Bedeutung:

- Stationierungsorte der Luftfahrzeuge (sog. „Heimatflughafen"),
- Einsatzort(e) (Abwurf- bzw. Absetzpunkte bzw. -gebiet) bzw.
- Beobachtungsgebiet (für die Waldbrandüberwachung bzw. Erkundung und Führung aus der Luft),
- Feldlandeplatz (zur Aufnahme von Mannschaft, Gerät, Löschmitteln – v.a. bei Hubschraubern im Gebirgseinsatz), hier sollte immer eine provisorische Wetterstation betrieben und ein gut sichtbarer Windsack aufgebaut werden,
- weitere Landeplätze (z.B. zum Aufnehmen von Betriebsstoffen, Ausweichlandeplatz für Schlechtwetterlage z.B. auch am Heimatflughafen) sowie
- die Flugstrecken dazwischen.

[1] Aus Australien kommen Zahlen, dass eine Zunahme der Windstärke um nur 0,05 Punkte eine größere Ausbreitung eines Buschfeuers um 40 % bedeutet (Ingenieur360, 2012).

Abb. 170: Übung zur Vegetationsbrandbekämpfung im Gebirge, Windsack an einem behelfsmäßigen Feldflugplatz bzw. hier direkt am Betankungsplatz auf einem Straßenabschnitt (dort wurde aus Straßentankwagen der Bundespolizei betankt). Dient den Hubschrauberpiloten zur Orientierung bei der Landung und beim Start.

Steht kein Meteorologe mit entsprechender Ausrüstung bzw. Informationen vor Ort zur Verfügung, sollte gerade an Feldlandeplätzen und im Einsatzgebiet über Windsäcke, Windstärkemessern o.ä. ein aktuelles Bild v.a. zum Wind verfügbar sein, das per Funk an die Piloten übermittelt werden kann. Auch hierzu benötigt man die richtige Kommunikationsorganisation und die richtigen Kommunikationsmittel.

Die bayerischen Feuerwehren üben nach entsprechenden Erfahrungen mittlerweile auch den Aufbau und Betrieb von Feldlandeplätzen zusammen mit verschiedenen Hubschrauberträgern. Dazu gehören einfache stationäre Informationsmittel oder Messgeräte (Windsäcke z.B. am Betankungslandeplatz, i.d.R. befestigter Bereich z.B. auf einer Straße; Wetterstation für die fliegerische Abschnittsleitung am Feldflugplatz; ggf. noch Handgeräte am Einsatzort). Sie können durch mobile Geräte (z.B. im Einsatzgebiet) ersetzt werden. Natürlich müssen die Anwender in die richtige Handhabung (Aufbau, Betrieb, Weitergabe der Informationen) eingewiesen sein. Heutige Wetterstationen bieten außerdem noch Funktionen zur Anzeige von Wetterentwicklung und (sehr grober) Wettervorhersage für das Einsatzgebiet. Die Münchner Feuerwehr benutzt derzeit Geräte mit folgenden Möglichkeiten:

- Die Wetterstation zeigt einen Temperatur- und einen Luftfeuchtigkeitstrend an (steigend, konstant, fallend).
- Die Wetterstation plottet auf der Anzeige einen Graphen der relativen Abweichung des Luftdrucks (aktuell, –1h, –3h, –6h, –12h, –24h).
- Die Wetterstation errechnet auf Basis von Temperatur, Luftfeuchtigkeit und Luftdruckveränderung eine Wettervorhersage (sonnig, bewölkt, regnerisch, verschneit) für die folgenden 12–24 Stunden innerhalb eines Radius von 30–50 km.

Aus den Erfahrungen zahlreicher Übungen und Einsätze der letzten Jahre wurden von Saller (2013) folgende wichtigen Wetterdaten für die Fliegerei ermittelt:

- Windrichtung
- Windgeschwindigkeit
- Temperatur
- Luftdruck

Diese werden von Flughelfern bzw. entsprechend ausgebildeten Führungsgehilfen auf einem Whiteboard in der „Fliegerischen Einsatzleitung“[1] notiert und kurze Vermerke im elektronischen Einsatztagebuch

[1] Das entspricht einer Abschnittsleitung in anderen Bundesländern, Bayern geht hier mit der „Örtlichen Einsatzleitung“ (ÖEL) in der Nomenklatur leider etwas andere Wege.

aufgenommen. Sicht bzw. Sichtweite und Bewölkung im Flug- und Zielgebiet werden per Augenschein geschätzt und den Luftfahrzeugführern im Briefing zu Einsatzbeginn bzw. bei Änderungen über Flugfunk mitgeteilt.

Wetterhilfsmeldung

Eine Erfassung und Übermittlung von Wetterdaten ist mittels der sog. „Wetterhilfsmeldung“ (nach Bundesamt für Zivilschutz, alte KatSDV 113, 1985) möglich. Damit wird aber nur ein punktueller Zeitwert an- bzw. weitergegeben. Wichtiger kann eine Betrachtung der Wetterentwicklung sein, hier sind dann automatisch erfasste Messwerte aus Wetterstationen eine große Arbeitserleichterung.

Sinnvolle Informationen für Wetterstationen vor Ort sind:

- Kompass (ohne kann die Windrichtung nicht sinnvoll er- bzw. vermittelt werden!)
- Windrichtungsanzeiger (zusammen mit dem Kompass: „Wind kommt aus ...“)
- Windstärke (in Beaufort oder km/h, vgl. Cimolino, 2020)
- Temperatur

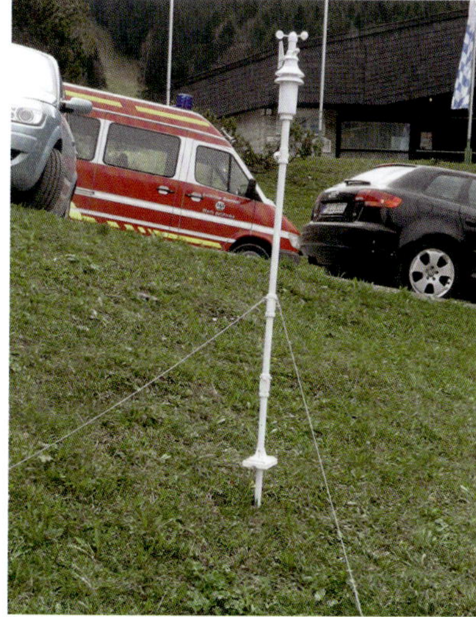

Abb. 171: Mobile Wetterstation der bayerischen Feuerwehren mit Löschwasseraußenlastbehälter. Hier mit abgesetzten Messgeräten unmittelbar neben der fliegerischen Einsatz- bzw. Abschnittsleitung am Feldflug- bzw. -landeplatz.

Abb. 172: Mobile Wetterstationen (hier von Kestrel) können gerade bei bergiger Topographie vor Ort wertvolle lokale Wetter-Informationen nicht nur für die Einweisung von Luftfahrzeugen liefern. Sie sollten daher mindestens bei den Zugführern der Einheiten im Bereich der Feuerfront verfügbar sein.

- Luftdruck (damit kann ggf. eine Wetteränderung vorher erkannt werden, Achtung: Kalibrierung vor Ort nötig!)
- Höhe (über Luftdruck, Achtung: Kalibrierung vor Ort nötig!)

In der Praxis in Deutschland für den praktischen Einsatz in der Vegetationsbrandbekämpfung erfahrungsgemäß weniger wichtig, aber doch ggf. informativ zur erweiterten Einschätzung sind noch:

- Relative Luftfeuchtigkeit
- Taupunkt

Steht kein ausgebildeter Meteorologe zur Verfügung, so sind ggf. auch lokal kundige „Hobby-Meteorologen" schon eine große Hilfe. Etwaige Personen sollten im Vorfeld in der Einsatzvorbereitung bereits ermittelt werden.

Es ist darüber hinaus hilfreich, regelmäßig die Wettervorhersage zu überprüfen. Ist das nicht über einen Fachberater „Meteorologie" möglich, kann es zum Aufgabenbereich des S 2 (Lagedarstellung) gehören. Übersichten über verschiedene Web-Anbieter finden sich in Cimolino (2020). Der DWD bietet mit

- dem Waldbrandgefahrenindex (WGI) https://www.dwd.de/DE/leistungen/waldbrandgef/waldbrandgef.html und
- dem Graslandfeuerindex (GLFI) https://www.dwd.de/DE/leistungen/graslandfi/graslandfi.html

wertvolle Hinweise für die Risikolage.

Das Bundesamt für Kartographie und Geodäsie wird künftig mit dem Waldbrandatlas mehrere Quellen vernetzen und für den Einsatz zur Verfügung stehen: https://gdz.bkg.bund.de/index.php/default/waldbrandatlas.html

7.3.3 (Ingenieur-)Geologen bzw. Geographen

Ingenieur-Geologen können v.a. im Bereich lang andauernder Einsätze in abgelegenen Gebieten Hinweise liefern, die z.B. für folgende Bereiche wichtig sein können:

- Anlegen von Behelfsstraßen bzw. -wegen
- Anlegen von Behelfsbrunnen (zur Löschwasserförderung)
- Im felsigen Gebiet Aussagen zur Steinschlaggefahr und ggf. der Veränderung der Situation bei Einwirkung von Temperaturveränderungen auf z.B. Felsen (Hitze, Abschrecken durch kaltes Wasser) sowie notwendigen Sicherungsmaßnahmen (auch in der Folge).

Geographen können die Informationen in Landkarten (heute vermehrt direkt elektronisch über GIS-Systeme) bringen und helfen auch in der Einsatzvorbereitung bei der Erstellung geeigneter Karten. Eine besondere Stelle nimmt hier der Militärgeographische Dienst (MilGeo) ein, vgl. Kap. 2.4.2, der auch innerhalb der Bundeswehr über weitere Informationsmöglichkeiten (z.B. Luftbildaufklärung) verfügen kann. Seit Anfang 2013 gibt es darüber hinaus Verträge des Bundesinnenministeriums bzw. des BBK mit dem Deutschen Zentrum für Luft- und Raumfahrt (DLR). Das DLR kann aus verschiedenen Quellen (Radar-Satelliten, Satelliten, Flugzeugen usw.) für den Katastrophenschutz umfassendes aktuelles Datenmaterial zur Verfügung stellen.

Das nordrheinwestfälische Umweltministerium hat mit der NavLog GmbH eine Landeslizenz zur Nutzung von Waldwegedaten (deutschlandweit!) abgeschlossen. Damit ist die Nutzung dieser Daten (bzw. Karten) für zunächst 2 Jahre u.a. für alle Behörden und Organisationen mit Sicherheitsaufgaben in NRW möglich. Es werden Karten (auch für verschiedene – aber nicht alle! – Navigationssysteme) und Luftbilder angeboten. Die Einbindung der Daten erfordert i.d.R. ebenfalls erweiterte Kenntnisse in Geographie (GIS-Karten) sowie der IT (Dateneinbindung).

7.3.4 Flughelfer, Luftbeobachter, Abwurfkoordinatoren o.ä.

Bei den meisten deutschen Feuerwehren ist die Akzeptanz in die nötige Unterstützung von bzw. durch Luftfahrzeuge(n) je nach Bundesland auch aufgrund fehlender Erfahrungen und Möglichkeiten der gemeinsamen Übung eher weniger ausgeprägt, vgl. Kap. 5.1.8. In Österreich wird dagegen seit vielen Jahren erfolgreich der Einsatz von Luftfahrzeugen von fachkundigen und entsprechend ausgebildeten Führungs- und Hilfspersonal der Feuerwehren am Boden und in der Luft begleitet. Die bayerischen Feuerwehren haben dies in großen Teilen übernommen und auch weiter ausgebaut. Nach den Erfahrungen beim Großbrand am Thumsee im Jahr 2007 wurde die Arbeit daran intensiviert, weil man bereits mit den damals noch im Aufbau befindlichen Einheiten gut die positiven Effekte erkennen konnte. Entsprechend lief nach den Berichten der beteiligten Einheiten der Einsatz im Jahr 2013 besser ab.

Flughelfer unterstützen die Luftfahrzeuge. Sie bereiten Landeplätze vor, sichern bzw. sperren diese ab, sorgen für die Einweisung von

Kräften (z.B. der Stellen, die die Hubschrauber stellen), weisen Luftfahrzeuge auf Feldlandeplätzen ein, weisen Luftfahrzeuge von Beobachtungsstellen in der Nähe der Abwurfzonen ein (ggf. auch aus anderen Luftfahrzeugen) und unterstützen beim Be- und Entladen z.B. beim Geräte- oder Personentransport.

Abb. 173: Flughelfer am Behelfslandeplatz. Einer weist den Piloten ein, der andere hängt die Außenlast ein, andere bereiten die nächsten Aufträge vor.

Neben den Flughelfern sind ggf. noch Luftbeobachter nötig. Diese erkunden aus der Luft, soweit nötig (z.B. weil es schneller geht, oder weil das Gebiet in Fahrzeugen oder auch zu Fuß gar nicht hinreichend schnell erreichbar ist)

- das Schadensgebiet in Ausdehnung und Ausbreitungsrichtung sowie gefährdete Menschen bzw. besondere Objekte,
- mögliche Anfahr- bzw. Anmarschwege,
- Punkte für Außenlandeplätze,
- Abwurfzielgebiete (soweit sie über eine entsprechende Ausbildung verfügen, das ist derzeit leider meist noch nicht Lerninhalt dieser Ausbildung).

(Taktische) Abwurfkoodinatoren (TAK) erkunden vornehmlich den Bereich des Feuersaums, der durch Löschwasserabwürfe aus der Luft angegriffen werden soll und weisen die Piloten an, wo und wie genau abgeworfen werden soll.

Der TAK kann wie folgt umgesetzt werden:

- In die Einsatzkräfte am Boden integriert, z.B. in einen Einsatzabschnitt Luftfahrzeugeinsatz.
- Bei sehr großen Lagen in einem über den anfliegenden Luftfahrzeugen mit Löschauftrag eigenen „stehenden“ Hubschrauber oder darüber kreisenden Flächenflugzeug.
- Auf einem Berg über dem Einsatzgebiet stehenden Beobachter, der natürlich dann über die entsprechenden Funkgeräte verfügen muss (vgl. Abb. 174).

Der TAK hat gleichzeitig koordinative Aufgaben für die am besten im „Kreis“ und einer Reihe fliegenden Hubschrauber mit Außenlasten. Dies wird umso wichtiger, je größer die Unterschiede in Größe und Geschwindigkeit bei den Hubschraubertypen sind und je mehr neben Löschwasserabwürfen auch noch Löschwasser- und Geräte-

bzw. Personaltransport parallel ins gleiche Gebiet betrieben werden soll.

Verfügen Piloten über keine praktische Erfahrung mit Bränden, so ist zu überlegen, ob man die Luftfahrzeugbesatzung nicht direkt um einen entsprechend TAK im Luftfahrzeug ergänzt, der den Piloten im Anflug und Abwurf unterstützen kann.

Abb. 174: Flughelfer am Berg weisen Abwurfzonen zu, unterstützen bei Außenlandungen (z.B. zum Transport von Mannschaft und Gerät) und helfen dem Piloten auch beim Befüllen von Behältern.

Falsch abgeworfenes Löschwasser aus Luftfahrzeugen ist Ressourcenverschwendung, teuer und gefährdet ggf. die Einheiten am Boden!

Der Downwash eines stehenden Helikopters beim Zielwurf im Stand bzw. langsamen Flug kann das Feuer intensivieren und damit zur Ausbreitung beitragen!

Die Feuerwehren müssen zumindest in den Risikogebieten und an einigen Standorten Spezialisten für die Zusammenarbeit mit Luftfahrzeugen aus- und fortbilden – und die nötige Ausrüstung vorhalten. Dies geht vom bekannten Luftbeobachter bis hin zu den Flughelfern mit verschiedenen Tätigkeiten am Boden (Handhabung von Lasten, Unterstützen an Behelfslandeplätzen usw.) und den taktischen Abwurfkoordinatoren. Dazu gehört auch die Fähigkeit, einen entsprechenden Einsatzabschnitt einrichten und betreiben zu können.

Die Ausbildung der Einsatzkräfte in diesem Bereich muss besser vernetzt und vereinheitlicht werden, wenn man erreichen will, dass auch (bundes-) land(es)grenzüberschreitende Einsätze mit verschiedensten Typen an Luftfahrzeugen zusammen gut funktionieren!

7.3.5 Waldbrandspezialisten

Waldbrandspezialisten spielen in Deutschland bis heute im Wesentlichen leider nur in Informationssammlung, -weitergabe und in der Aus- und Fortbildung von Einsatzkräften eine mehr oder weniger große Rolle, weil in den allgemeinen Feuerwehr-Ausbildungsinhalten nach FwDV 2 die Vegetationsbrandbekämpfung auch bis 2020 weder in der Feuerwehrgrund- noch in der Führungsausbildung behandelt wird. Vereinzelt gibt es in den Bundesländern dazu Schulungsunterlagen, diese unterscheiden sich aber erheblich in Inhalt und Umfang.

Es gibt zwar in den waldbrandgefährdeten Gebieten Deutschlands einige Feuerwehren bzw. Einsatzkräfte, die über ausreichend echte Einsatzerfahrungen verfügen. I.d.R. werden diese aber in der Diskussion von Einsatzkräften aus verschiedenen Bereichen – ausgehend von den jeweils eigenen lokalen Bedingungen – sehr stark verallgemeinert. Diese Verallgemeinerung ist aber aufgrund der unterschiedlichen topographischen und waldbaulichen Voraussetzungen wenig sinnvoll. Ein Feuer im gut mit befahrbaren Forstwegen erschlossenen, ebenen Wald ist etwas völlig anderes, als eines im Steilhang im Gebirge oder in einem Torfgebiet.

Dazu kommen die, über alle Feuerwehren betrachtet, sehr unterschiedlichen Rahmenbedingungen:

- in der Wasserversorgung (mit/ohne geeignete Löschwasserentnahmestellen im potenziellen Einsatzgebiet),
- mit/ohne Einsatzvorbereitung in die Wasserförderung über lange Wegestrecken),
- im möglichen (finanzierbaren) Einsatz fremder Kräfte, auch z.B. mit Hubschraubern,
- Einsatzerfahrung und Rückgriff auf fremde bzw. eigene „Spezialisten".

Spezialisierte Einsatzkräfte müssen die Möglichkeiten und Grenzen der (Hand-) Werkzeuge und die Risiken im Einsatz kennen und die Schutzausrüstung und Werkzeuge richtig handhaben können. Sie müssen in der Lage sein, andere – weniger gut ausgebildete Einsatzkräfte – ggf. auch direkt im Einsatz mit anzuleiten.

Spezialisierte Führungskräfte müssen alle Bestandteile des „Baukastens" zur erfolgreichen Einsatzbewältigung kennen. Dies schließt Faktoren, wie Wetter, Topographie, Bewuchs usw. ebenso mit ein, wie die Bewertung des Einsatzwertes der unterschiedlichsten Einheiten.

7.3.6 Land- und Forstwirtschaft sowie deren Lohnunternehmer

Land- und forstwirtschaftliche Betriebe sowie deren Lohnunternehmer können den Einsatz in der Gefahrenabwehr und Brandbekämpfung an mehreren Stellen unterstützen. Einige Beispiele

- Wasser transportieren mit z.B. leeren und am besten gereinigten Güllefässern o.ä. Aufgrund des üblicherweise vorliegenden Zustandes bzw. der Restverunreinigungen sollten die Feuerwehren die Wasserentnahme daraus nur über eine Zwischenstation mit offenen Behältern mit Saugkorb und -schutzkorb vornehmen (de Vries, 2004).

- Pflanzpflüge (vgl. Abb. 168) können zum Ziehen von schmalen Schneisen oder Gräben (z.B. auch in ehemaligen Moorgebieten) genutzt werden. Als Zugfahrzeuge sind leistungsfähige Traktoren oder auch Planierraupen erforderlich.
- Harvester (Holzvollernter) können beim Schaffen von Schneisen schneller arbeiten als jede Bodenmannschaft.
- Viele Waldeigentümer verfügen über Kenntnisse und Kartenwerke zu ihren Gebieten. Dabei sind für die Gefahrenabwehr wichtig
  - Straßen und Wege (Tragfähigkeit, lichte Weite)
  - (provisorische) Wasserentnahmemöglichkeiten (Bäche, Weiher)

7.4 Logistik und Versorgung

Bei längeren Einsätzen muss im Gegensatz zum „Standardfeuerwehreinsatz“ (i.d.R. unter 4 h) erheblich größerer Aufwand für die Logistik und Versorgung der Einsatzkräfte auch im Einsatzgebiet betrieben werden, vgl. CIMOLINO (2010) und BESCH et al. (2015).

Für die Bekämpfung großer Vegetationsbrände über mehrere Tage sind daher ebenso wie für andere mehrtägige Einsätze folgende Bereiche wichtig:

- Betriebsmittel für Fahrzeuge/Aggregate (v.a. Kraft- und Schmierstoffe)
- Relativ häufig dafür benötigte Ersatzteile
- Verpflegung (Essen, Getränke)
- Ablösung des Personals (selbst bei gut trainierten Einheiten ist täglich eine zusammenhängende Ruhezeit von mind. 8 h rechtzeitig erforderlich)
- Toiletten
- Ggf. Schaffung von Schlafmöglichkeiten
- Organisation bzw. Waschen von (Wechsel-)Kleidung
- Ggf. Wegebau und -unterhaltung

Kraftstoffversorgung

Die schlechte Kraftstoffversorgung führte bei den Waldbränden von 1975 in Niedersachsen zu großen Problemen, teilweise mangels Kraftstoff für die Fahrzeuge bzw. tragbare Pumpen, weswegen die Löscharbeiten eingestellt werden mussten. Ähnliche Erfahrungen wurden auch schon bei mehreren flächendeckenden Hochwassern gemacht, z.B. im Sommer 2013. Die Kraftstoffversorgung ist bei größeren bzw. längeren Einsätzen mit üblichen Einsatzmitteln bzw. der Fahrzeugbeladung (z.B. Kanistern) dauerhaft vor Ort nicht möglich. Nur sehr wenige Fahrzeuge führen heute überhaupt noch Reservekanister mit Kraftstoff (außer für Motorkettensägen) mit. Hier müssen Konzepte z.B. der Bauindustrie (mobile Tankstellen, die aber vorhanden und gefüllt sein müssen und von der Feuerwehr bzw. Dritten auch transportiert werden (dürfen[1]) müssen!) bzw. der Bundeswehr (Tankwagen) übernommen werden. Ähnlich den privaten oder zivilen Tankfahrzeugen ist aber zu klären, ob die Abgabearmaturen auch eine Betankung von Fahrzeugen oder Kanistern zulässt. Häufig sind diese Fahrzeuge nur mit Schläuchen und Kupplungen ausgestattet, um an Tankstellen Kraftstoffe abgeben zu können.

Abb. 175: Handelsübliche mobile Tankstelle der Fw Düsseldorf (AB Kraftstoff). Kanister mit verschiedenen Betriebsstoffen befinden sich unter der Plane. Der Stromerzeuger betreibt die elektrische Kraftstoffpumpe. Der Kraftstoff ist aber auch manuell entnehmbar.

Abb. 176: Tankwagen der Bundeswehr gibt es auch geländegängig bzw. -fähig. Sie können über die Strukturen der ZMZ angefordert werden. Mit längeren Anlaufzeiten ist aber zu rechnen.

Verpflegung

Aus den Erfahrungsberichten bzw. Schilderungen von Einsatzkräften bei Großeinsätzen (nicht nur Waldbränden) ist außerdem immer wieder zu entnehmen, dass die Versorgung der eigenen Kräfte mit Verpflegung zumindest für den oder die ersten Tage mitgeführt werden sollte, um nicht die ohnehin schon stark belasteten örtlichen Strukturen noch weiter zu fordern. Die Versorgung mit Trekkingmahlzeiten und Wasserkochern kann die Zeit bis zum Stehen der „richtigen Versorgung" überbrücken.

Toiletten

Einsatzkräfte benötigen spätestens nach einigen Stunden auch die Möglichkeit, Toiletten zu benutzen und bei mehrtägigen Einsätzen sich zu waschen bzw. duschen. Dies muss bei ggf. vielen hundert Kräften mitten im Gelände oder in Massenunterkünften (z.B. Schulgebäuden o.ä.) rechtzeitig organisiert werden! Wenn Einsatzkräfte unterschiedlichen Geschlechtes in solchen Lagen eingesetzt sind, sollte darauf Rücksicht genommen werden. Das bedeutet z.B. entwe-

[1] Nach Überarbeitung der Gefahrguttransportvorschriften ist das für die BOS im Einsatz- und Übungsfall wieder möglich (CIMOLINO, 2019).

Abb. 177: Die Versorgung mit Lebensmitteln weit ab von üblichen Strukturen benötigt auch heute noch Feldküchen mit den daran bzw. dafür ausgebildeten Köchen. Hier eine vom Anhänger abgeprotzte, d.h. stationär aufgebaute Küche (Feldkochherd), in einem Küchenzelt.

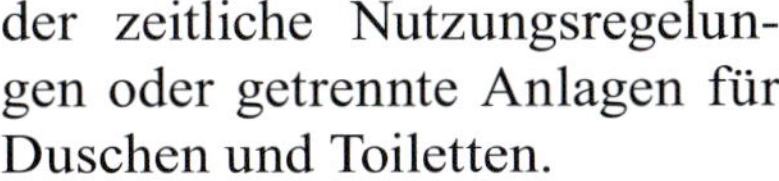

der zeitliche Nutzungsregelungen oder getrennte Anlagen für Duschen und Toiletten.

Häufige Schäden sind immer wieder Defekte an den Reifen sowie an den Teilen, die unten im Rampen- oder Überhangwinkel beschädigt werden (können). Feldwerkstätten ermöglichen es, zumindest kleinere Reparaturen vor Ort erledigen zu können und so Fahrzeugausfälle zeitlich minimieren zu können.

Abb. 178: Zum Essen gehört Hygiene. Hier ein Beispiel für einen Abwaschbereich (unmittelbar neben der Feldküche aus Abb. 177).

Abb. 179: Längere Einsätze benötigen auch Wasch- und Duschmöglichkeiten. Basis ist hier die Ausrüstung des LKW Dekon P.

Abb. 180: Zum Essen gehören bei Großeinsätzen abseits üblicher Möglichkeiten in Raststätten, Gasthäusern etc. natürlich auch mobile Toiletten.

Abb. 181: Reparatur eines im Gelände beschädigten Luftfilters am Werkstattanhänger der Fw Düsseldorf.

Abb. 182: Große Instandsetzungsbereiche – hier ein Sammelpunkt für defekte motorbetriebene Aggregate – sind v.a. bei sehr großen Einsätzen eine Option.

Abb. 183: Sinken Panzer in schmalen Wegen ein, oder werfen sich die Ketten ab, dann ist der Weg schnell komplett blockiert bzw. wird durch tiefe Spurrinnen für Radfahrzeuge unpassierbar. Dies wurde für die Waldbrände von 1975 mehrfach berichtet, u.a. von Achilles (1976) und Puf (1975). Hier ein Foto aus den Waldbränden rund um Weißwasser 1992, das die Dimension von Panzer und Wegen illustriert.

Bei großflächigen Einsatzstellen kann es auch sinnvoll sein, zentrale Werkstattpunkte einzurichten, die über eine eigene Logistikstruktur erreicht werden. Damit werden defekte Geräte an einen Instandsetzungsplatz per LKW gebracht, dort repariert und wieder mit LKW verteilt.

Werden schwere Fahrzeuge oder gar Kettenfahrzeuge eingesetzt, kann es auf nicht gut ausgebauten Wegen je nach Untergrund und Fahrzeugen bzw. Fahrweise zu schweren Schäden am Weg kommen, die ohne (Behelfs-) Reparaturen dann schnell größer und in der Folge für normale Radfahrzeuge (z.B. auch geländefähige KdoW oder ELW) nicht mehr befahrbar sein werden. Dies erfordert daher rechtzeitig begleitende Maßnahmen:

- Bereithaltung von geeigneten Bergungsfahrzeugen und -teams
- Bereithaltung von Möglichkeiten zum behelfsmäßigen Wegebau bzw. -reparatur (z.B. THW Bundeswehr oder Baufirmen)
- Bereithaltung von Reparaturkapazitäten, um evtl. aufgetretene Schäden (beim Festfahren oder Bergen) beheben zu können. Das gilt auch für tragbare Aggregate und Handwerkzeuge bei größeren und längeren Lagen.

Abb. 184: Gerade zwillingsbereifte Fahrzeuge laufen Gefahr, sich schnell in weichen Boden einzugraben und festzufahren.

Abb. 185: Behelfsstraßenbau kann an exponierten Stellen (z.B. aufgeweichtes Ufergelände) auch die Verwendung von Schnellbaustraßen bedeuten. Hier eine Version des österreichischen Militärs, ausgestellt auf der Fachmesse Retter in Wels.

7.5 Manuelle Brandbekämpfung

Techniken und Taktiken der manuellen Brandbekämpfung sind bei fast jedem Einsatz zur Vegetationsbrandbekämpfung notwendig. Meist ist die Anwendung von Handwerkzeugen (vgl. Kap 6.2) nötig. Das beginnt damit, dass ein FA mit Gabel, Harke oder Hacke einem anderen FA mit Strahlrohr dabei hilft, auch Glutnester unter Schichten oder Haufen organischen Materials (Äste, Laub, Stroh etc.) besser erreichen zu können, oder Glutnestern auszugraben bzw. aufzuhacken. Mit besserer Ausbildung und speziellerer Ausrüstung zur Vegetationsbrandbekämpfung ist es auch mit Handwerkzeugen möglich, konkrete Taktiken der defensiven oder offensiven Brandbekämpfung (vgl. Kap. 7.1.2 bzw. 7.1.3) ausführen zu können. Dazu gehört auf jeden Fall auch die richtige PSA (vgl. Kap. 6.1).

Manuelle Tätigkeiten zur Brandbekämpfung sind z.B.

- Direkter Löschangriff mit Handwerkzeugen (Schaufel mit Sandwurf, Feuerpatsche, Handlöschgerät)
- Anlegen von Kontrollstreifen (schneller, oberflächlich ausgeführter Wundstreifen)
- Anlegen von Wundstreifen
- Nachlöscharbeiten (z.B. Ausgraben, Aufhacken von Baumstümpfen bzw. Wurzeln zum Freilegen von Glutnestern, um diese ablöschen zu können) sowie
- Unterstützungsmaßnahmen wie z.B. Schaffen eines Zuganges bzw. Weges, um überhaupt einen bestimmten Bereich erreichen zu können.

Den Einsatz- und v.a. den Führungskräften müssen die Möglichkeiten und Grenzen der manuellen Brandbekämpfung jederzeit bewusst sein. Insbesondere ist zu berücksichtigen, wie schnell und sicher man im Notfall einen gefährdeten Bereich auch zu Fuß in einen sicheren Bereich verlassen kann, vgl. Kap. 7.8. Dies ist in Berg- bzw. Tal- und Hanglagen viel schwieriger, als auf ebenen Flächen. Vor einem Feuer, das mit dem Wind bergauf läuft, kann man i.d.R. nach oben nicht schnell und weit genug weglaufen, man muss sich dann zur Seite bewegen! Deshalb sollte man hier besser von der Seite als von oben angreifen.

Das vorbeugende Anlegen bzw. Schaffen von Schutz- oder Wundstreifen bzw. Waldbrandriegeln wie es z.B. in Mecklenburg-Vorpommern im Durchführungserlass zum Gemeinsamen Waldbranderlass schon 2009 beschrieben wird, gehört im weitesten Sinn je nach eingesetzter Technik auch zur manuellen Brandbekämpfung. Diese Tätigkeiten werden aber nur selten von Feuerwehren durchgeführt, sondern oft von den Eigentümern der Flächen bzw. deren Pächtern oder von beauftragten Fachfirmen. Feuerwehren bzw. Spezialisten (z.B. von @fire) werden aber i.d.R. hinzugezogen, wenn durch „Brennen" z.B. ein Schutzstreifen erzeugt werden soll.

Abb. 186: Vorbeugendes Brennen reduziert die Brandgefahr in trockenem Unterholz und verbessert je nach Vegetation die Chancen frischer Pflanzen. Natürlich muss die Maßnahme gut durchdacht und jederzeit überwacht bzw. kontrolliert sein!

Es ist sehr schwierig, für alle möglichen und in verschiedenen Varianten zusammentreffenden Einsatzsituationen allumfassende Gebrauchshinweise für die Handwerkzeuge zu geben. Daher wurden diese in die Bereiche Freiflächen bzw. Stoppelackerbrände und Waldbrände aufgeteilt, um möglichst zielgerichtete Hinweise geben zu können.

Der Einsatz von Handwerkzeugen ist in den meisten Fällen ein stetiges Vor und Zurück, je nach Brandintensität und Laufrichtung. Dabei muss der Leitung des Bodenbekämpfungsteams die Sicherheit der Mannschaft sehr wichtig sein. Eine gute Koordination bringt sehr große Erfolge im Einsatz von Handwerkzeugen.

Das unter taktischen Grundlagen bereits dargestellte Wissen zu den Bereichen Einsatzgrenzen von Handwerkzeugen und Strahlrohren, Flammenlängen, Ausbreitungsgeschwindigkeiten und Gefahrensituationen wird hier nicht erneut erwähnt, sondern als bekannt vorausgesetzt.

7.5.1 Freiflächen/Stoppelackerbrände

Die geeigneten Handwerkzeuge für diese Fälle sind nachstehend mit Gebrauchshinweisen aufgeführt:

■ Schaufeln

Je nach Bodenbeschaffenheit kann mit der Schaufel ein freier Bereich freigelegt werden, um dem Feuer das Voranlaufen zu erschweren bzw. zu verhindern oder man kann mittels Sandwurf die Arbeiten mit den Feuerpatschen unterstützen, wenn die Flammenlängen für einen direkten Angriff zu lang sind.

Abb. 187: Demonstration eines Sandwurfs (Ziel: Ersticken von Flammen).

Abb. 188: Freischaufeln und -kratzen von Glutnestern geht auch nachts, setzt aber gute Ausrüstung, Ausbildung und Lichtquellen voraus.

Der von Vegetation bzw. brennbaren organischen Bestandteilen freigekratzte Bereich soll in der Breite mindestens die 1,5-fache Höhe des Bewuchses haben. Der Sandwurf soll entlang der Flanke auf den Ort größter Flammenlänge erfolgen und nicht im 90° Winkel, sondern eher ca. 45° schräg zum Feuer, um eine möglichst große brennende Bodenfläche zu treffen.

Die beste Wirkung erzielt dabei eine der Pulverwolke eines Feuerlöschers ähnliche Sandwolke, die in die Flammen geworfen wird. Ein direktes Übererden, also das einfache Zuschaufeln des Feuers sollte unterbleiben, da unter der Erddecke lange Glutnester schwelen können und die Nachlöscharbeiten erschweren. Dies tritt zwar zumeist vermehrt bei Bränden in Bodenbereichen mit mehr Brandmasse als Freiflächen auf, ist aber auch hier nicht zu vernachlässigen.

Feuerpatschen

Mit einer Stiellänge von 2,20 m ist die Feuerpatsche sehr gut für die Bekämpfung von Freiflächenbränden geeignet. Bei größeren Flammenlängen kann Unterstützung durch Schaufeln oder Rucksackspritzen hilfreich sein.

Abb. 189: Vier Feuerpatschen im kombinierten Einsatz. Zu empfehlen wäre hier i.d.R. noch ein Augenschutz z.B. durch eine Korbbrille, weil häufig Funken und Steinchen hochgewirbelt werden.

Die beste Wirkung wird durch einen kombinierten Angriff mit 2–3 Feuerpatschen direkt hintereinander (rotierende Aufstellung zur Minimierung der Belastung für den ersten FA), eventuell in Kombination mit einer Schaufel und/oder Rucksackspritze erzielt. Die Patschen sollten dabei im Takt auf eine Zählvorgabe des Führenden aus etwa 30–40 cm Höhe auf die Flammen mit Führung unter leichter Unterstützung der Schwerkraft „gepatscht“ und eben nicht mit Gewalt geschlagen werden. Die Taktangabe scheint zunächst sehr lustig bzw. gewöhnungsbedürftig und erfordert etwas Überwindung. Dieses Vorgehen sorgt aber für einen erheblich verbesserten Löscheffekt und abgestimmtes Arbeiten, als unabhängiges nebeneinander „herpatschen“. Die so aufgestellten und möglichst darin im Vorfeld trainierten Löschteams sind hochmobil und bei vielen Einsätzen schneller als gelegte Schlauchleitungen, die eher nachgeführt werden sollten, anstelle sie immer gleich im ersten Angriff vorzubringen (lageabhängig).

Gorgui, McLeod

Als Kombinationswerkzeug für fast alle Untergründe kann das Gorgui (und bedingt auch das nicht ganz so umfangreich ausgestattete McLeod-Werkzeug) sehr gut zum schnellen Einarbeiten einer breiten Kontrolllinie und zum Ersticken des Feuers mit aufgekratztem und zur Seite geschleudertem Sand (sofern der Boden das hergibt) genutzt werden. Die Breite der Kontrolllinie soll auch hier in etwa der 1,5-fachen Höhe des Bewuchses entsprechen.

Abb. 190: Gorgui bei einem Freiflächenbrand

Rucksackspritzen

Mit bis zu 20 L Wasserinhalt (evtl. Netzmittel beimengen, wenn ohne großen Aufwand möglich, bei Grasbränden nicht unbedingt Voraussetzung, bei Bränden in Wäldern bzw. holzartigem Bewuchs sowie mit viel organischem Material auf dem Boden bzw. bei Torf schon) sehr gut zur Eindämmung von schnell laufenden Feuerflanken oder auch bedingt Fronten geeignet. Das Wasser, sparsam eingesetzt, entfaltet die beste Wirkung, wenn der Wasserstrahl fein zerstäubt entlang der Flanke geschwenkt wird. Als erhöhte „Feuerkraft“ zur Unterstützung anderer Handwerkzeuge (vgl. Feuerpatschen etc.) zur Dämpfung zu großer Flammenlängen ermöglicht die Rucksackspritze ein effizienteres Vorgehen der Feuerpatschen und anderer Handwerkzeuge.

Abb. 191: Trupp mit Rucksackspritze und Pulaski-Axt bei Nachlöscharbeiten.

Gebläse

Ein leistungsfähiger Laubbläser ist in vielen Länder als Gerät zu Bekämpfung von Flächenbränden auf dem Vormarsch. Der hauptsächliche Löscheffekt besteht im Abschlagen der Flamme in Verbindung mit dem Aufwirbeln von Staub – ähnlich einem Sandwurf. Einige Geräte fügen ein wenig Wassernebel dem Luftstrahl hinzu. Diese zusätzliche Löschwirkung wird allerdings mit zusätzlichem Gerätegewicht erkauft.

Abb.192: Rückengebläse/Sprühgerät im Einsatz.

Das Gerät ist ideal für Grasbrände mit eher kurzen Flammenlängen und flankierend, also mit oder seitlich zum Wind. Allerdings muss man auf den verursachten Funkenflug achten. Ungeeignet und gefährlich ist es beim Einsatz gegen den Wind und bei dickerem, glutbildendem Brennstoff – hier wird der Brand angefacht!

Trotz dieser Nachteile erscheint uns ein Laubgebläse – z.B. in Kombination mit Löschrucksäcken als sehr effektives und empfehlenswertes Gerät.

Hinweis zu Bränden von stehendem Getreide, Schilfrohr oder ähnlicher Vegetation:

Die hierbei je nach Wind möglichen Flammenlängen und Laufgeschwindigkeiten sind extrem gefährlich und mit Handwerkzeugen kaum bzw. nur aus großem Abstand zum Feuer anzuwenden – und damit wenig sinnvoll. Bevorzugt sollte hier daher auf motorisierte Ackergeräte oder Pump-and-roll-fähige Löschfahrzeuge zurückgegriffen werden. Eine pauschale Aussage kann hier wie auch bei anderen Brandformen natürlich nicht getroffen werden und es ist situationsbedingt auch ein Bodentruppeneinsatz möglich – bzw. je nach Geländeform vielleicht sogar das einzige, was möglich ist.

7.5.2 Waldbrände

Die geeigneten Handwerkzeuge für diese Fälle sind nachstehend mit Gebrauchshinweisen aufgeführt.

■ Schaufeln, bedingt Spaten

Je nach Bodenbeschaffenheit kann mit der Schaufel ein Bereich frei gekratzt werden, um dem Feuer das Voranlaufen zu erschweren bzw. zu verhindern, oder man kann mittels Sandwurf die Arbeiten der Feuerpatschen unterstützen, wenn die Flammenlängen für einen direkten Angriff zu lang sind.

Der frei gekratzte Bereich soll in der Breite mindestens die 1,5-fache Höhe des Bewuchses haben. Der Sandwurf soll entlang der Flanke auf den Ort größter Flammenlänge erfolgen und auch hier nicht im 90°-Winkel zum Feuer erfolgen, sondern schräg (z.B. 45°), um eine möglichst große Fläche zu treffen. Die beste Wirkung erzielt auch hier eine der

Pulverwolke eines Feuerlöschers ähnliche Sandwolke, die in die Flammen geworfen wird. Ein Zudecken von Flammen oder Glutnestern mit Erde sollte unterbleiben, da unter der Erddecke lange Glutnester schwelen können und die Nachlöscharbeiten erschweren. Dies tritt zwar zumeist vermehrt bei Bränden in Bodenbereichen mit mehr Brandmasse als Freiflächen auf, ist aber auch hier nicht zu vernachlässigen.

Spaten sind besonders bei Nachlöscharbeiten zum Aufgraben tiefer Glutnester, z.B. in Wurzelbereichen, geeignet. Im ersten Angriff sind sie nur bedingt geeignet, weil mit ihnen Sandwurf und Kratzen schwerer zu realisieren sind. Zum Abkratzen von glühenden Borkenteilen, z.B. bei Baumstümpfen, eignen sich Spaten ebenso. Zum Arbeiten in Steilhängen können auch Klappspaten o.ä. sinnvoll sein.

Feuerpatschen

Feuerpatschen eignen sich im Wald nur für Brände von niedrigem Bewuchs in Bodennähe – und nur wenn der Einsatz nicht durch Buschwerk etc. behindert wird. Für die Handhabung gilt das oben ausgeführte.

Gorgui

Das GORGUI der Fa. Vallfirest wurde speziell zur Bekämpfung von Vegetationsbränden entwickelt. Durch seine besondere Konstruktion mit 4 verschiedenen Plattenvorsätzen

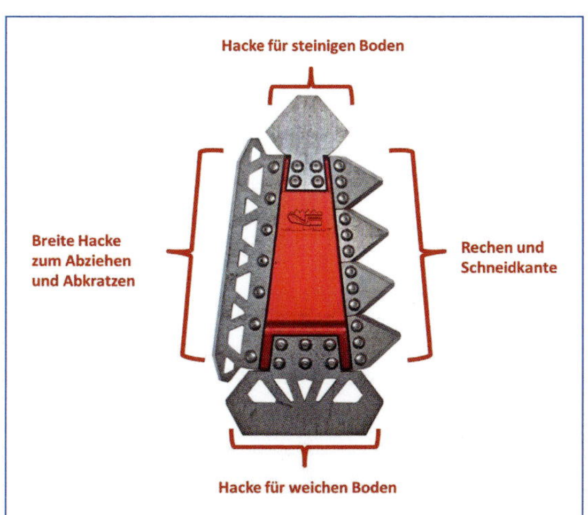

Abb. 193: Verwendungsmöglichkeiten des Gorgui-Tools.

Abb. 194: Gorgui im Einsatz zum Abkratzen brennender Borke.

können die Funktionen „Hacken auf steinigem bzw. nichtsteinigem Boden“, „Abziehen“, „Abschlagen“ auch von Rinde erfüllt werden.

Auch Nachlöscharbeiten bzw. die Unterstützung des Einsatzes von Wasserrucksäcken und kl. Strahlrohren durch Grabwerkzeuge bringt erheblich bessere Effekte als das reine Benetzen von oben.

Pulaski (Waldbrandaxt)

Die Pulaski ist das Standardwerkzeug der Vegetationsbrandbekämpfung auf internationaler Ebene. Es ist eine Kombination aus Hacke und Axt, deren Splitterkante und Schneidkante wie eine Axt geschärft sind. Verwendungszweck ist das Aufhacken des Bodens und Freilegen von Glutnestern, Abschlagen von Wurzeln oder Ästen und das Entfernen von Kohle an Baumstämmen. Wir empfehlen die Pulaski für Feuerwehren als Sekundärgerät z.B. für Löschrucksackträger.

Rucksackspritzen

Mit bis zu 20 L Wasserinhalt (im Wald aufgrund der höheren organischen Anteile in der Bodenschicht und viel Glutnestern z.B. in Wurzelstöcken immer Netzmittel beimengen, wenn vorhanden!) sehr gut zur Eindämmung von Brandbereichen, insbesondere auch zu den wichtigen Nachlöscharbeiten, geeignet. Das Wasser, sparsam eingesetzt, entfaltet fein zerstäubt entlang der Flanke geschwenkt bzw. dosiert in Zusammenarbeit mit einem Handwerkzeug wie Pulaski oder Gorgui bei Nachlöscharbeiten eingesetzt die beste Wirkung. Als erhöhte „Feuerkraft“ zur Unterstützung anderer Handwerkzeuge (vergl. Feuerpatschen etc.) zur Dämpfung zu großer Flammenlängen ermöglicht

Abb. 195: Pulaski in Kombination mit Löschrucksack bei Nachlöscharbeiten

Abb. 196: Rucksackspritzen im Buschwerk im Einsatz mit einem Gorgui.

die Rucksackspritze ein effizienteres Vorgehen der Feuerpatschen und anderer Handwerkzeuge.

Das Durchmischen von Boden mit Brandgut zu 50/50 mit etwas Wasser und Netzmittel und dem Einsatz von Grabwerkzeugen löscht (je nach Bodenzusammensetzung) effektiv Glutnester.

■ Kombitool

Einfach erklärt ist ein Kombitool ein Klappspaten am langen Stiel, der ein kostengünstiges Werkzeug darstellt, mit dem sehr gut gegraben, gekratzt und Nachlöscharbeiten durchgeführt werden können. Für den Sandwurf und die direkte Brandbekämpfung ist das Werkzeug nur bedingt geeignet, in Kombination mit Wasser aber fast unschlagbar beim Nachlöschen.

■ Feuerrechen

In Bereichen mit loser Streu z.B. Laubwald und Nadelstreu auf dem Boden gut zum freiharken einer kleinen Feuerschneise geeignet. Höherer Bewuchs, wie z.B. Gräser, sind sinnvoller mit anderen Werkzeugen wie Gorgui oder McLeod zu beseitigen, da der Feuerrechen hier schnell an seine Grenzen stößt und seinen Benutzer zu sehr ermüdet.

7.6 Fahrzeuggestützte Brandbekämpfung

Techniken und Taktiken der fahrzeuggestützten Brandbekämpfung sind heute Standard bei allen nennenswerten Vegetationsbränden. I.d.R. erfolgt im deutschsprachigen Raum bei allen Einsätzen zur Vegetationsbrandbekämpfung ein erster Löschangriff von einem wasserführenden Einsatzfahrzeug ((H)LF bzw. TLF) aus. Alle Taktiken der defensiven oder offensiven Brandbekämpfung (vgl. Kap. 7.1.2 bzw. 7.1.3) können mit Fahrzeugen ausgeführt werden – wenn man die Einsatzstelle damit erreichen kann. In vielen Fällen ist dies mit Standard-Erstangriffsfahrzeugen ((H)LF, StLF, TSF-W, TSF) nicht möglich und es werden spezialisierte bzw. v.a. geländegängige Einsatzfahrzeuge benötigt. Dazu gehören dann nicht nur die Löschfahrzeuge, sondern

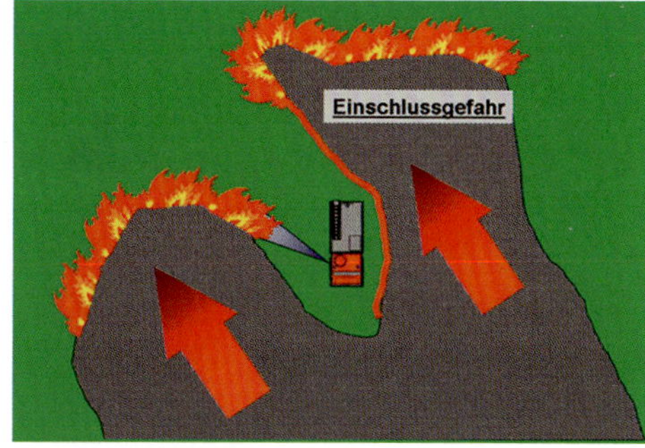

Abb. 197: Man kann mit Fahrzeugen sehr schnell in Bereiche vordringen. Dies muss sorgfältig überlegt werden, weil es schnell gefährlich werden kann. Es ist unbedingt zu vermeiden, vom Feuer eingeschlossen zu werden!

auch entsprechende Führungs- und Unterstützungsfahrzeuge, vgl. Kap. 6.3.

Fahrzeuggestützte Tätigkeiten

Fahrzeuggestützte Tätigkeiten zur Brandbekämpfung sind z.B.

- direkter Löschangriff mit Schläuchen vom stehenden Fahrzeug mit Fußtrupps.
- Pump&Roll-Betrieb und Einsatz vom langsam fahrenden Fahrzeug mit Druckschläuchen.

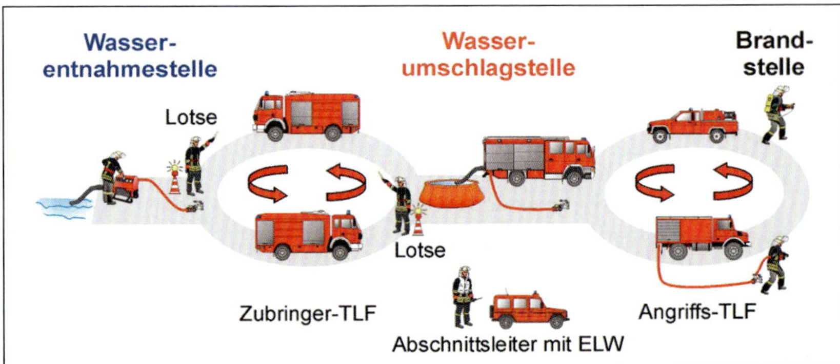

Abb. 199: Doppelter Pendelverkehr: Ein (i.d.R. größeres TLF) pendelt von einer Wasserentnahmestelle zu einer Wasserübergabestelle und speist dort (direkt oder über einen Zwischenbehälter bzw. Puffer-TLF) andere (i.d.R. kleinere) TLF. Diese(s) pendelt dann weiter vorn zur Brandstelle (vgl. Einfacher Pendelverkehr).

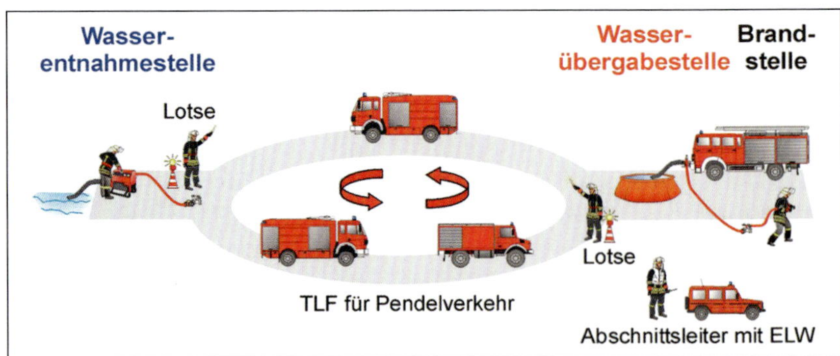

Abb. 198: Einfacher Pendelverkehr: Ein Fahrzeug pendelt von der Wasserentnahmestelle (Hydrant, Saugstellenpumpe oder eigene Wasserentnahme mit Saugschläuchen) zur Brandstelle. Es gibt dort das Wasser an einer Übergabestelle ab (direkt an die Brandstellenpumpe oder an den Wassertank des löschenden Fahrzeugs, oder an einen Auffangbehälter, aus dem die Brandstellenpumpe das Wasser wieder entnimmt). In seltenen Fällen wird aus dem Pendelfahrzeug auch direkt Wasser zum Löschen abgegeben (direkte Brandbekämpfung).

- der Einsatz von Wasserwerfern auch im Pump&Roll-Betrieb, um z.B. eine schmale Feuerfront zu brechen oder eine Schneise zu verteidigen.
- Wassertransport (z.B. einfacher bzw. doppelter Pendelverkehr mit TLF, vgl. Abb. 198 und 199) bzw. -förderung (z.B. mit Wasserversorgung über lange Wegestrecken (de Vries, 2004). Für die Auswahl der TLF bzw. AB Tank (mit WLF) bzw. Güllefässer o.ä. sind neben der in einem Zeitraum zu liefernden Löschwassermenge, die zu überwindenden Strecken und deren Befahrbarkeit mit den vorhandenen bzw. vorgesehenen Fahrzeugen, die dort erzielbaren Geschwindigkeiten bzw. Einschränkungen die definierenden Faktoren.
- Anlegen von Wundstreifen oder Schutzstreifen (z.B. mit Schwerschaum[1] oder Gelen) mit Spezialfahrzeugen. (Einen Waldbrandriegel im Einsatz zu errichten wird dagegen selbst mit geeigneten Fahrzeugen in den seltensten Fällen gelingen.)
- Unterstützungsmaßnahmen, z.B. Löschwassertransport oder -förderung, auch Wegebau, um überhaupt einen bestimmten Bereich erreichen zu können.

Den Einsatz- und v.a. den Führungskräften müssen die Möglichkeiten und Grenzen der fahrzeuggestützten Brandbekämpfung jederzeit bewusst sein. Dabei sind neben den Kenntnissen der Einsatzkräfte v.a. auch die technischen Möglichkeiten der Fahrzeuge zu beachten, vgl. Kap. 6.3. Dies gilt insbesondere dann, wenn sie im Gelände und auf verbrannten Flächen (mit Glutresten o.ä.) eingesetzt werden sollen. Insbesondere ist zu berücksichtigen, wie schnell und sicher man im Notfall einen gefährdeten Bereich mit den Fahrzeugen oder auch zu Fuß in einen sicheren Bereich verlassen kann, vgl. Kap. 7.8.

Bei vielen – v.a. längeren bzw. intensiven – Einsätzen ist parallel zum bzw. nach dem Einsatz von Löschfahrzeugen die Anwendung von Handwerkzeugen (vgl. Kap 6.2 und 7.5) nötig, um durch sorgfältige Nachlöscharbeiten einen dauerhaften Löscherfolg zu erzielen.

7.6.1 Mobiler Löschangriff: Taktische Varianten und Hinweise

Der mobile Löschangriff ist eine Taktik zur Bekämpfung von Vegetationsbränden, bei dem das Löschwasser aus geeigneten Fahrzeugen

[1] Nur mit dafür geeignetem Schaummittel und keinesfalls mit AFFF! U.a. dafür wurde Druckluftschaum ursprünglich verwendet und ist auch bei entsprechender Einstellung (nicht zu trocken) nach wie vor geeignet.

von Feuerwehr (und evtl. THW) aus der Bewegung heraus abgegeben wird. Dazu werden entsprechende technische Fähigkeiten (fest verbaut oder behelfsmäßig) der eingesetzten Fahrzeuge benötigt.

Bei Fahrzeugen, die während der Fahrt die Pumpe betreiben können, wird die „Pump&Roll"-Technik angewandt, bei Fahrzeugen, bei denen das nicht möglich ist, erfolgt die „Stop&Go"-Technik, bei dem wechselweise gefahren und die Pumpe betrieben wird.

Taktische Varianten

Es gibt grundsätzlich verschiedene taktische Varianten:

- Mit kleinen Schlauchleitungen wird der direkte Löschangriff vom fahrenden Fahrzeug auf den sich bewegenden Feuersaum / die Feuerfront abgegeben
- Die Aufbringung eines Schutzstreifens aus Schaum oder einem geeigneten Gelbildner aus dem fahrenden Fahrzeug
- Sehr selten (sinnvoll[1]) den Einsatz von fahrzeugmontierten Werfern während der Fahrt
- Sehr selten (sinnvoll[2]) den Einsatz von fahrzeugmontierten Löschdüsen (vgl. Kap. 6.3.1) während der Fahrt

Folgende Ziele verfolgt der mobile Löschangriff:

- Hochmobiler Einsatz der Löschtechnik, um auf sich verändernde Brandbedingungen und taktische Vorteilssituationen (vergl. ETW) reagieren zu können
- Effektive Nutzung der mitgeführten Löschwassermenge
- „Schonung" des Personals, um längere Einsatzzeiten zu ermöglichen (weniger Erschöpfung durch angepasste leichte Ausrüstung).

Grundsätze dicht am Feuer

Für den Einsatz von Fahrzeugen dicht am Feuer gelten folgende Grundsätze, die zur Vermeidung von Gefahren und Beschädigungen strikt einzuhalten sind:

- Hitzewirkung auf das Fahrzeug durch Wärmestrahlung beachten

---

1 Werfer verbrauchen sehr viel Wasser. Zielgenau damit vom fahrenden Fahrzeug aus zu arbeiten ist sehr schwierig. Aufwand (Löschwasserverbrauch!) und Nutzen (beständiger Löscherfolg!) stehen dann in keinem Verhältnis! Das ist praktisch nur sinnvoll, wenn akut und kurzfristig besondere Lagen unter Kontrolle gebracht werden müssen: z.B. wenn das Übergreifen von Bodenfeuer ins Vollfeuer, oder von einem langsam laufenden Heidebrand in ein trockenes freies Getreidefeld neben einer Wohnbebauung verhindert werden soll.

2 Löschdüsen zum Boden hin haben keinen gesicherten Löscherfolg. Zielgenau damit vom fahrenden Fahrzeug aus zu arbeiten ist unmöglich, da die Löschwirkung erst nach dem Überfahren festgestellt werden kann und zwar oft die Flammen gelöscht werden, aber Glut verbleiben kann. Aufwand (Löschwasserverbrauch!) und Nutzen (beständiger Löscherfolg!) stehen in keinem Verhältnis! Das ist praktisch nur sinnvoll, wenn akut und kurzfristig besondere Lagen es erfordern, den Feuersaum zu überfahren, um v.a. das Fahrzeug vor direkter Beflammung zu schützen.

- Das Überfahren von Feuersäumen hat bis auf Ausweichmanöver in Gefahrensituationen zu unterbleiben, auch dann müssen Maßnahmen erfolgen:
  - Der Feuersaum ist an der Überfahrungsstelle bei ungeschützten Fahrzeugen vorher abzulöschen bzw. mindestens sind die Flammen zu löschen.
  - Vor allem bei ungeschützten Fahrzeugen (also solchen ohne geeigneten passiven Leitungsschutz bzw. Fahrzeugschutzdüsen, vgl. 6.3) ist das Fahrzeug am Fahrgestell und der Bereifung (Innenflanken der Zwillingsreifen!) auf mitgeschleppte ggf. noch glimmende oder brennende Teile zu kontrollieren!
  - Der Stellplatz des Fahrzeuges im schwarzen Bereich ist **gründlich** abzulöschen, um Gefahren zu vermeiden.
- Die Befahrbarkeit von Böden und Wegen ist zu beachten, um ein Festfahren und damit Gefahrensituationen zu vermeiden. Dieser Hinweis ist umso wichtiger, als vermehrt Fahrzeuge wie z.B. LF 20 (mit größeren Tanks bis um die 4000 L!) mit P&R-Kapazität bei den Neuauslieferungen zu finden sind, deren Besitzer sich aber offensichtlich über die Geländefahrprobleme dieser Fahrzeuge nicht im klaren sind. Ein Einsatz kann mit solchen Fahrzeugen sehr schnell zum Fiasko werden, weil 16 – 18 t zGM mit Straßen- oder Misch(zwillings)bereifung einen sehr hohen Bodendruck erzeugen, was dazu führt, dass sich diese Fahrzeuge schnell festfahren!
- Technik ersetzte keine Taktik und auch keine strategische bzw. taktische Einsatzplanung. Das bedeutet konkret: ohne eine dauernde und ausreichende Aus- und Fortbildung aller beteiligten Feuerwehren in Einsatzgebieten der Vegetationsbrandbekämp-

Abb. 200: Fahrzeug halt.

Abb. 201: Fahrzeug vor.

Abb. 202: Fahrzeug zurück.

fung ist ein sicherer und effektiver Einsatz nicht möglich (vgl. oben Hinweis zum überörtlichen Einsatz bzw. Einsatz von gemeindeübergreifenden Kräften).

- Training der nötigen Handzeichen für die schnelle und nichtfunkbasierte Kommunikation mit dem Maschinisten (vgl. die Abb. 200–202).

Diese Varianten haben einige Vorteile aber auch erhebliche Nachteile, diese werden hier in einer Übersicht dargestellt:

Frontwerfer

Einsatz von Frontwerfern/Strahlrohren aus Dachluken:

Vorteile:

- Kein Personal im Gefahrenbereich (Fahrbewegungen des Fahrzeuges).
- Schnelle Umsetzung vom Fahrzustand bis zur Löscharbeit.
- Größere Geschwindigkeit v.a. beim Verfahren zwischen verschiedenen Angriffspunkten möglich (aber selten notwendig).

Nachteile:

- Direkte Hitzewirkung auf das Fahrzeug wird nur schwer bemerkt, da sich niemand im Bereich der Hitzestrahlung aufhält und auch keiner von außen auf das Fahrzeug blicken kann.
- Der Wasserstrahl wird von schräg oben (beim Einsatz aus einer Dachluke) und damit in seiner möglichen maximalen Löschbreite und -entfernung eingeschränkt verwendet (Wasserverschwendung).
- Beim Einsatz von Werfern muss der Führer den Werfer einfach bedienen und mit dem Wasserstrahl gut zielen können, da sonst hohe Wassermengen ziellos verpuffen.
- Brandnester hinter oder sogar unter dem Fahrzeug werden leicht übersehen und gefährden den Einsatz (Ausnahme: weiteres Personal als Sicherheitsposten außerhalb des Fahrzeugs, die dieses und die Lageentwicklung beobachten).
- Probleme bei der Wasserversorgung z.B. mit der FP bedingen immer das Aussteigen eines FA und damit einer Zeitverzögerung.

Abb. 203: Einige Feuerwehren verfügen über Fahrzeuge, die einen P&R-Einsatz über Dachluken oder an der Front angebrachte Wasserwerfer ermöglichen.

- Das häufig nötige Rückwärtsfahren am Feuersaum wird im Fahrbereich in der Praxis zu oft nicht durch einen Sicherheitsposten beobachtet – Gefahr für hinter dem Fahrzeug befindliche FA etc.

Der Einsatz von Werfern in der Vegetationsbrandbekämpfung ist nicht grundsätzlich unsinnig. Die sinnvolle Anwendung von Werfern gilt jedoch für Ausnahmesituationen wie z.B.

- das Brechen einer Feuerfront,
- Bedarf der größeren Reichweite,
- der Schutz von konkret bedrohten Personen bzw. Objekten ggf. auch nur zur Flucht bzw. bis zum Aufbau einer konventionellen Angriffs- bzw. Verteidigungslinie mit Schlauchmaterial und Handwerkzeugen.

Der Werfereinsatz ist daher kein Allheilmittel, da er für die meisten Fälle zu viel Wasser „kostet", das bei diesen Lagen v.a. am Anfang immer knapp sein wird. Dies gilt umso mehr, wenn v.a. große Werfer (eigentlich zur Industriebrandbekämpfung gedacht) z.B. vom (P)TLF 4000 (o.ä.) dafür verwendet werden.

Abb. 204: Der Einsatz eines Werfers vom PTLF 4000 zur Vegetationsbrandbekämpfung hat nur in seltenen Fällen Sinn. Hier wurde die Reichweite genutzt, um ein vom drehenden Wind bedrohtes Löschfahrzeug zu schützen.

Auch mit „normaler" Ausrüstung lässt sich ein P&R-Einsatz aufbauen, sofern das Fahrzeug über die grundsätzlichen technischen Möglichkeiten (Pumpenbetrieb, Wassertank) und die nötige Ausrüstung verfügt.

Nötige Ausrüstung für den mobilen Löschangriff mit Schläuchen:

- Ca. 2–3 kleine Schläuche (i.d.R. D-Schläuche in Längen von 10 oder 15 m)
- D-Hohlstrahlrohr (Wasserlieferung zwischen 40 und 130 l/min)
- Schlauchhalter
- Flammschutzhauben für alle Einsatzkräfte (evtl. mit leichtem Partikelfilter)

Wenn kein D-Material vorhanden ist, kann ersatzweise auch mit dem Schnellangriff gearbeitet werden. Dieser sorgt jedoch im Umgang (Gewicht) und beim eventuell nötigen Verlängern und Verkürzen für Schwierigkeiten (siehe auch Abschnitt progressive Schlauchverlegung im Gelände). Der Schnellangriff kann (sofern weiter als unbedingt nötig ausgezogen) den mobilen Einsatzwert des Fahrzeuges bei Lageänderungen extrem einschränken. Beachten Sie, dass der formstabile Schnellangriff mit der Haspel verschraubt ist und daher im Gefahrenfall nicht schnell abgekuppelt werden kann!

Einsatztaktik P&R

Achtung: Die Anwendung des formstabilen S-Schlauches ist auch hier nur zu empfehlen, wenn damit das Feuer sicher kontrolliert werden kann. Der Schnellangriffsschlauch lässt sich bei Lageänderung aufgrund seiner Verschraubung mit der Haspel nicht einfach abkuppeln, sondern muss aufgewickelt werden!

- Sicherstellen der persönlichen Sicherheit beim Ausrücken/auf der Anfahrt zum gemeldeten Vegetationsbrand:
  - Anlegen von dünner Einsatzkleidung
  - Anlegen der Flammschutzhauben und evtl. der Partikelfiltermasken
- Aufstellen des Fahrzeuges an einem taktisch bevorzugten Punkt (vgl. Einfache Taktische Waldbrandprognose (ETW, vgl Kap. 7.9), Angriffspunkt unterhalb der Kontrollschwelle, maximale Wirksamkeit) je nach Vegetationsform wie z.B. Wald oder Freifläche bzw. Stoppelacker oder Getreidefeld.

Abb. 205: Nutzung des formstabilen Schnellangriffsschlauches beim P&R-Einsatz.

- Herstellung der Pump&Roll-Bereitschaft des Fahrzeuges wie folgt
  - Pumpe betriebsbereit machen (herausziehen, starten, Wasserzulauf öffnen, Tankkreislauf einrichten, Wasser auf die anzuschließende D-Leitung geben); Fahrzeugfenster zu, Licht, Blaulicht und Warnblinkanlage einschalten (Abb. 206b).
  - Verlegen der 15 m D-Leitung von der PFPN (TS) mit B-C- und C-D-Übergangsstücken am Fahrzeug entlang über die Spiegelhalterung nach vorn (Leitung mit Schlauchhaltern z.B. mittel Prusikknoten abfangen); Test des anliegenden Wasserdruckes (ca. 5–6 bar) zur Gewährleistung ausreichender Wurfweite (Abb. 206a und b).
  - Gleichzeitige Ausrüstung des verbleibenden Trupps mit Wasserrucksäcken und/oder Feuerpatschen und Schaufeln.
- Kurze Überprüfung der Einsatzbereitschaft der Mannschaft und des Fahrzeuges, Beginn der Löschmaßnahmen.

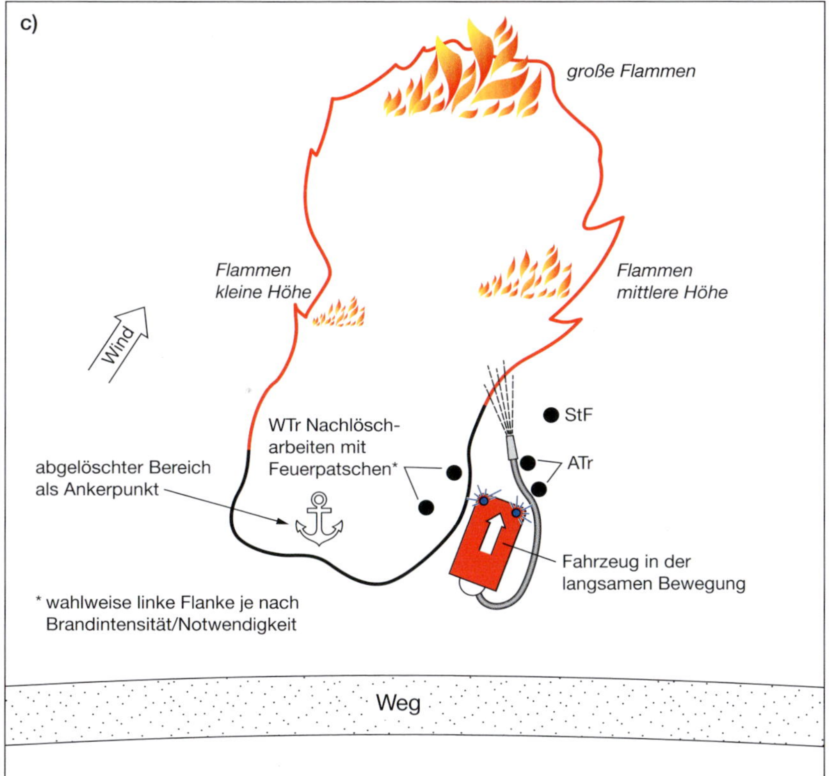

Abb. 206: Einsatztaktik Pump&Roll bei Fahrzeugen, deren Pumpe im Fahrbetrieb ohne Schwierigkeiten genutzt werden kann (z.B. TSF-W) am Beispiel eines Brandes auf einem Stoppelacker.

- Einweisung weiterer Löschkräfte je nach Lage als Unterstützung im eigenen Abschnitt oder an der gegenüberliegenden Flanke, dabei immer Kontakt zur Abstimmung der Maßnahmen halten (vgl. Teile eines Feuers, Benennung der Abschnitte).
- Angriffsbeginn immer an einem Ankerpunkt (vgl. Teile eines Feuers/Benennungen); Schaffen eines Ankerpunktes durch gründliches Ablöschen, wenn kein natürlicher Ankerpunkt vor-

handen (vgl. Abb. 206c).

- Ablöschen der Flanke bis zur Front, Ziel ist es, das Feuer auf das vorgefundene Maß zu begrenzen; wenn das Feuer komplett umrundet ist, werden alle Bereiche erneut angegangen und nachgelöscht.

HINWEIS: Im Brandgebiet liegende Brandherde werden im ersten Abgang nicht gelöscht. Es geht zunächst darum, die Ausweitung des Brandes zu stoppen, um dann die betroffenen Bereiche nachzulöschen.

Bei solchen Einsätzen erlebt man leider immer wieder, dass beim Ablöschen der Feuerumrandung, also Front, Seiten etc. – also bei der Eingrenzung des Feuers auf das vorherrschende Maß – auch immer wieder Flammen mitten in der betroffenen, durch die Feuerlinie umsäumten Fläche gelöscht wird, um dort auflodernde Brandherde abzulöschen. Diese stellen aber in den meisten Fällen keine Bedrohung dar. Stattdessen wird das dafür verwendete Wasser und die Löschzeit nicht auf die Feuerumrandung gerichtet, wodurch sich das Feuer während der fragwürdigen „Innenbereichsablöschung" dort weiter ausbreitet und damit die abzulöschende Feuerumrandung vervielfacht. Daher ist die richtige Reihenfolge: Erst einfangen mit außen eingrenzen, wenn das gesichert, dann innen löschen.) Bei wenig Wasser für die Nachlöscharbeiten ist mit Handwerkzeugen und Kleinlöschgerät zu arbeiten und in jedem Fall nachzukontrollieren.

„Stop&Go"-Technik oder „Raupentaktik"

Verfügt das Fahrzeug über keine Möglichkeit zum Pump&Roll-Betrieb, muss beim Vorarbeiten mit dem Fahrzeug immer wieder angehalten werden und dazwischen mit den Schläuchen gearbeitet werden. Dies sieht ähnlich der Fortbewegungsart einer Raupe aus und wird daher gelegentlich auch so bezeichnet.

Voraussetzung ist, dass die Pumpe zu- und abgeschaltet werden kann, ohne Personal hinten an der Pumpe zu binden. → Aus Sicherheitsgründen kein „Hinterherlaufen"!

D.h. entweder eine PFPN (TS) – soweit die im Fahrzeug betrieben werden darf, oder eben Pump & Roll.

- Sicherstellen der persönlichen Sicherheit beim Ausrücken/auf der Anfahrt zum gemeldeten Vegetationsbrand.

  - Richtiges und komplettes Anlegen von dünner Einsatzkleidung
  - Anlegen der Flammschutzhauben und evtl. der Partikelfiltermasken
- Aufstellen des Fahrzeuges an einem taktisch bevorzugten Punkt (vgl. ETW, Kap. 7.9) Angriffspunkt unterhalb der Kontroll-

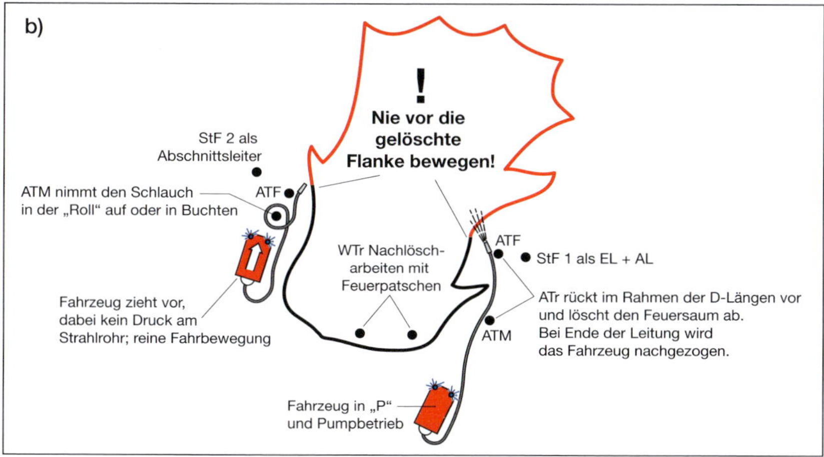

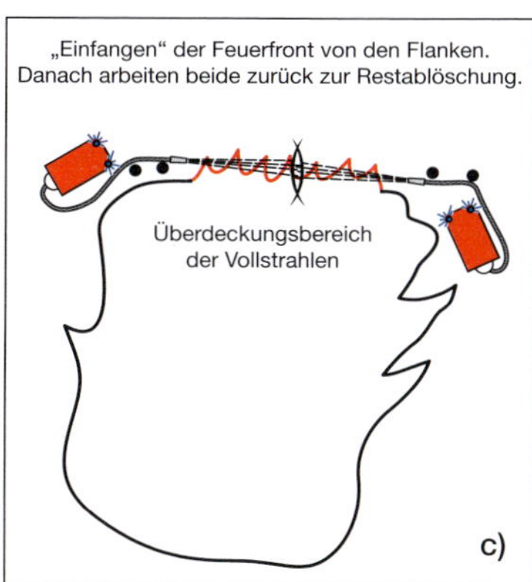

Abb. 207: Die Technik „Stop&Go" bei Fahrzeugen, deren Pumpe im Fahrbetrieb nicht genutzt werden kann (z.B. LF 20 ohne P&R-Schaltungsmöglichkeit) am Beispiel eines Brandes auf einem Stoppelacker. Im Beispiel wird aus Gründen der Übersichtlichkeit auch mit einer Staffel gearbeitet.

schwelle, maximale Wirksamkeit) je nach Vegetationsform wie z.B. Wald oder Freifläche bzw. Stoppelacker oder Getreidefeld.

- Herstellung der P&R-Bereitschaft des Fahrzeuges wie folgt:
  - Pumpe betriebsbereit machen (Wasserzulauf öffnen, Abgang für die D-Leitung öffnen, Tankkreislauf einrichten); Fahrzeugfenster zu, Licht, Blaulicht und Warnblinkanlage einschalten.
  - Verlegen der 30m D-Leitung von der FPN mit B-C- und C-D-Übergangsstücken am Fahrzeug entlang über die Spiegelhalterung nach vorn (Leitung mit Schlauchhaltern abfangen); Test des anliegenden Wasserdruckes; Gewährleistung ausreichender Wurfweite. Die Leitung wird in Rollen vom 2. Mitglied als „Rolle" über die Schulter genommen und bei Bedarf abgelegt (Abb. 207a).
  - Gleichzeitige Ausrüstung des verbleibenden Trupps mit Wasserrucksäcken und/oder Feuerpatschen und Schaufeln.
- Kurze Überprüfung der Einsatzbereitschaft der Mannschaft und des Fahrzeuges, Beginn der Löschmaßnahmen.
- Einweisung weiterer Löschkräfte je nach Lage als Unterstützung im eigenen Abschnitt oder an der gegenüberliegenden Flanke, dabei immer Kontakt zur Abstimmung der Maßnahmen halten (vergl. Teile eines Feuers, Benennung der Bereiche und Abschnitte).
- Angriffsbeginn immer an einem Ankerpunkt.
- Ablöschen der Flanke bis zur Front, Ziel ist es, das Feuer auf das vorgefundene Maß zu begrenzen; wenn das Feuer komplett umrundet ist, werden alle Bereiche erneut angegangen und nachgelöscht.

HINWEIS: im Brandgebiet liegende Brandherde werden im ersten Abgang nicht gelöscht. Es geht zunächst darum, die Brandvergrößerung zu stoppen, um dann die betroffenen Bereiche nachzulöschen. Abb. 207c zeigt das Einfangen der Feuerfront von beiden Seiten z.B. beim getrennten Flankenangriff.

- Das Ablöschen geschieht auf folgende Weise:
  - Das Fahrzeug hält hinter dem Ankerpunkt bzw. dem Feuersaum.
  - Der Angriffstrupp (im Ausland häufig schlicht Löschtrupp genannt) geht zum Ablöschen soweit vor, wie es der 30 m

D-Schlauch erlaubt, verhält dort, der Einheitsführer gibt das Handzeichen zum Vorrücken des Fahrzeuges (während dieser Zeit ist die Leitung drucklos, daher kein weiteres Vorgehen des Löschtrupps).
- Das Fahrzeug hält, nimmt die Pumpe erneut in Betrieb und der Löschtrupp geht in der Weise wiederholend „raupenartig“ vor.

Hinweise zur Umsetzung der Einsatztaktik:

- ► Löschmittel und -geräte dem Brandumfang angemessen einsetzen.
  - Feuerpatschen, Rückenspritzen und Schaufeln bei Flammenlängen bis max. 1,5 m
  - D-Hohlstrahlrohre bei Flammenlängen über 1,5 m, in Ausnahmefällen auch zur schnellen Randablöschung darunter. Ziel ist es, das v.a. anfangs meist knappe Wasser nur für wirklich intensive Brandbereiche einzusetzen und nicht für 10 cm lange „Flämmchen“ zu nutzen, die leicht von Handwerkzeugteams gelöscht werden können.

- NIEMALS vor bzw. über ein ungelöschtes Feuer gehen, d.h. niemals so vorgehen, dass sich ungelöschtes Feuer im Rücken der Einsatzkräfte befindet, da sonst der Ankerpunkt verloren geht und die Gefahr eines Einschlusses droht. „Ein Fuß im Schwarzen“ ist eine gute zusätzliche Regel, um nicht unverbrannten Brennstoff zwischen der eigenen Position und dem Feuer zu haben!
- NIEMALS Einsatzkräfte VOR ungelöschte Teile der Flanke bringen. Jedes Feuer hinter der eigenen Position hat das Potential, zur Gefahr für die Mannschaft zu werden. Notfalls muss die Mannschaft auch etwas zurückgezogen werden, wie Alan Sinclair, Arizona (USA) oft betont „es ist ein ewiges vor und zurück, je nach Brandintensität“.

- ► Variante 1 – Tandemangriff vgl. Abb. 208a.
  - Bei heftiger Feuerintensität an einer Flanke oder geringem Tankinhalt des ersten Fahrzeuges (Backup).
  - Bei unzugänglichem Gelände an der 2. Flanke (dort z.B. nur Handwerkzeuge; an Flanke 1 P&R).

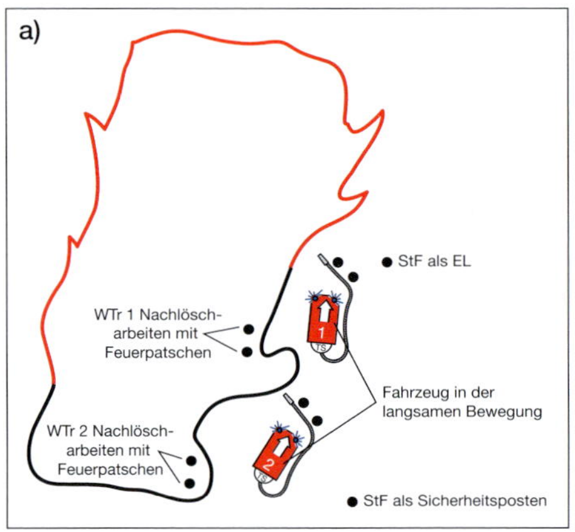

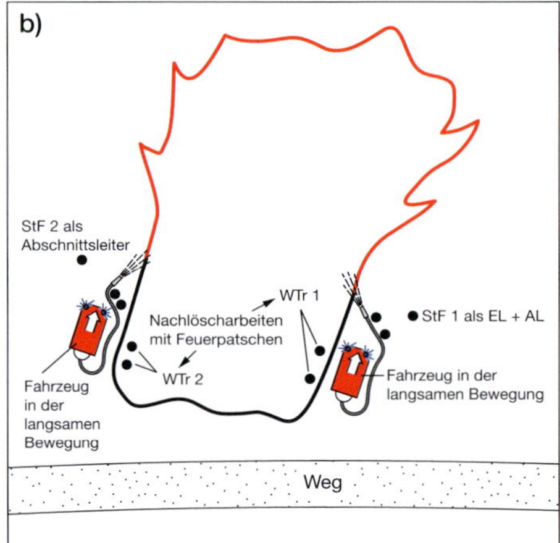

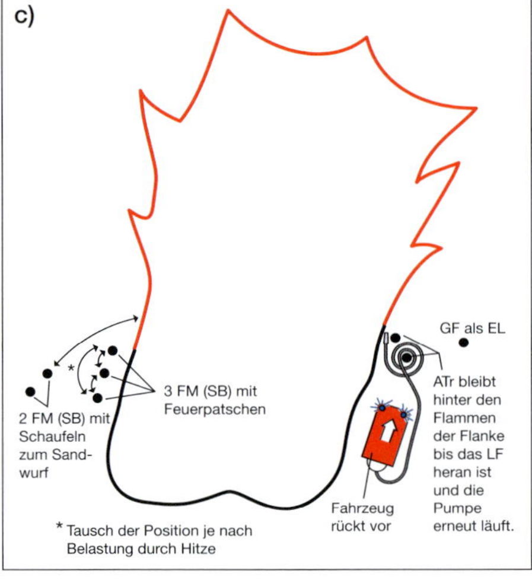

Abb. 208: Tandemtaktik (a), getrennter Flankenangriff (b), Einsatz einer Gruppe mit LF 20 in direktem Angriff auf einen Vegetationsbrand (c)

- Vorteil: Geballte Schlagkraft an einer Flanke
- Nachteil: Geringere Schlagkraft an der anderen Flanke, hoher Abstimmungsbedarf zwischen den Fahrzeugführern.

▶ Variante 2 – Flankenangriff, vgl. Abb. 2ß8b.
- Bei ausreichender Schlagkraft an jeder Flanke mit nur einem Fahrzeug; bei ausreichenden Tankinhalten für den Einsatz
- Bei ausreichend zugänglichem Gelände an beiden Flanken
  - Vorteil: Angriffskraft auf beide Flanken gleich verteilt, i.d.R. schnellere Löschwirkung
  - Nachteil: Koordinationsbedarf zwischen beiden Einheiten

▶ Eine Löschgruppe kann natürlich wesentlich umfangreicher angreifen, wenn die Kräfte initial zur Verfügung stehen. Ein Beispiel für eine mögliche Taktik findet sich in Abb. 208c.

7.6.2 Schlauchmanagement

Ist es nicht mehr möglich, die Einsatzstelle mit mobilen Fahrzeugen zu erreichen, müssen Schläuche verlegt werden.

Das richtige – oder falsche – Schlauchmanagement kann die Arbeit in der Vegetationsbrandbekämpfung stark erleichtern oder bei falscher Anwendung sehr erschweren.

Eine Möglichkeit zur Brandbekämpfung mittels D-Leitungen abseits direkt an- bzw. befahrbarer Bereiche (sowohl in der Ebene als auch im Gelände) bietet die aus dem Ausland übernommene Taktik Schlauchverlegung mit Klemmtechnik („progressive hoselay") an.

Hierbei wird die unter Druck stehende D-Leitung durch entsprechend geschultes Personal je nach Einsatzauftrag bzw. Lage verlängert bzw. verkürzt.

Dieses Vorgehen kann auch zur besseren Erreichung von weiter entfernten Brandherden beim Pump & Roll eingesetzt werden, um das Befahren verbrannter Bereiche zu vermeiden (sofern genug Schlauchmaterial an der Einsatzstelle ist!).

Egal bei welcher Einsatztaktik (Pump&Roll oder Stop&Go) diese Variante genutzt wird, unterscheidet sich die Vorgehensweise nicht, was zur Erleichterung der Ausbildung beiträgt.

Abb. 209: Vorgehen mit der Klemmtechnik bzw. „Progressive Hoselay“.

HINWEIS: Neben dem einfachen Abknicken der D-Leitung kann natürlich auch bei C-Leitungen mit Absperrorganen ähnliches – aber mit mehr Aufwand und größeren Gewichten – erreicht werden. Im Ausland werden Schlauchklammern („Hoseclamps") benutzt, um überall schnell und einfach einen Schlauch abquetschen und damit sperren zu können.

Für den Einsatz im Gelände sind im Gegensatz zum Einsatz dicht am Fahrzeug etwas veränderte Ausrüstungen (Schlauchtragerucksäcke oder Lastenkraxen) vorzuhalten.

- Auslegen von 3 bis 4 D-Längen am Fahrzeug für den ersten Angriff.
- Vorgehen des Trupps an der Flanke im Löscheinsatz bis zum Ende der Leitung.
- Entnahme und Verlegen des Reserveschlauches aus dem Tragerucksack (im Bild Bundeswehr-Rucksack aus Altbeständen).
- Verlängern der Leitung durch Abknicken und Umkuppeln.
- Aufhebung des Knickens und Fortsetzung des Angriffes bis zur Wiederholung.

Wenn eine Verlängerung/Verkürzung oder der Austausch eines defekten Schlauches der D-Leitung vom Fahrzeug nötig sein sollte, wird wie folgt vorgegangen:

- Fahrzeug anhalten
- Reserveschlauch vom Fahrzeug holen und ausrollen
- und Schlauch abknicken,
- Druck durch Öffnen des Strahlrohres ablassen und Schlauch ein-/auskuppeln,
- Abknickung beenden und weiter vorgehen.

7.6.3 Modulare Angriffsleitung

Für die Optimierung des Schlauchmanagements bei Vegetationsbränden ergibt sich durch die Verwendung von C-DCD- oder C-DD-Verteilern. Hier wird eine C-Leitung als Versorgungsleitung und davon abzweigende D-Leitungen als Angriffsleitungen eingesetzt.

Derartige Techniken basieren auf der „Wassergasse", die im 2. Weltkrieg für das Vorgehen in und das Retten aus brennenden Stadtteilen entwickelt worden war. Allerdings wird in einer echten Wassergasse

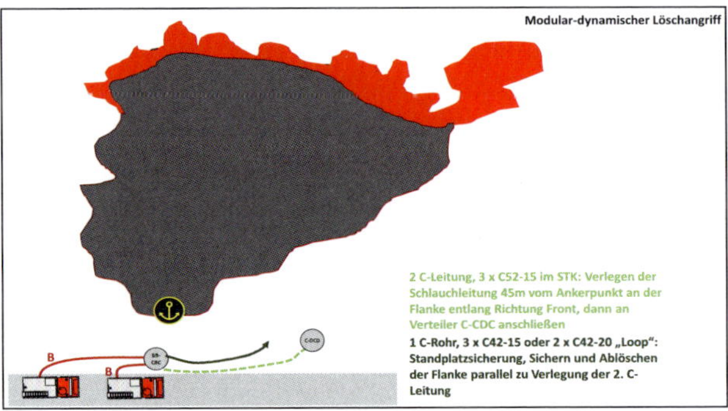
Modular-dynamischer Löschangriff
2 C-Leitung, 3 x C52-15 im STK: Verlegen der Schlauchleitung 45m vom Ankerpunkt an der Flanke entlang Richtung Front, dann an Verteiler C-CDC anschließen
1 C-Rohr, 3 x C42-15 oder 2 x C42-20 „Loop“: Standplatzsicherung, Sichern und Ablöschen der Flanke parallel zu Verlegung der 2. C-Leitung
B
B

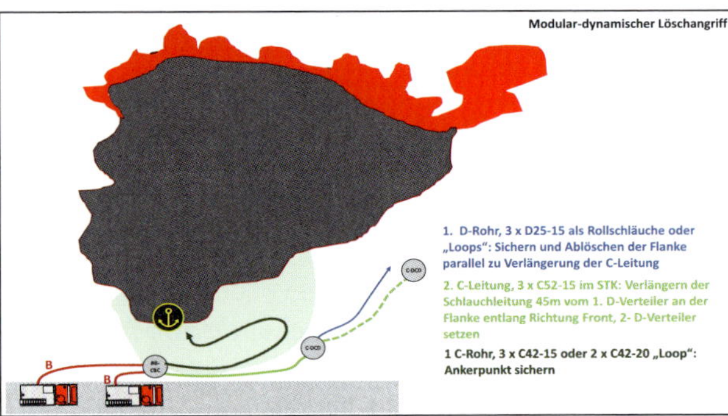
Modular-dynamischer Löschangriff
C-DCD
1. D-Rohr, 3 x D25-15 als Rollschläuche oder „Loops“: Sichern und Ablöschen der Flanke parallel zu Verlängerung der C-Leitung
2. C-Leitung, 3 x C52-15 im STK: Verlängern der Schlauchleitung 45m vom 1. D-Verteiler an der Flanke entlang Richtung Front, 2- D-Verteiler setzen
1 C-Rohr, 3 x C42-15 oder 2 x C42-20 „Loop“: Ankerpunkt sichern
B
B

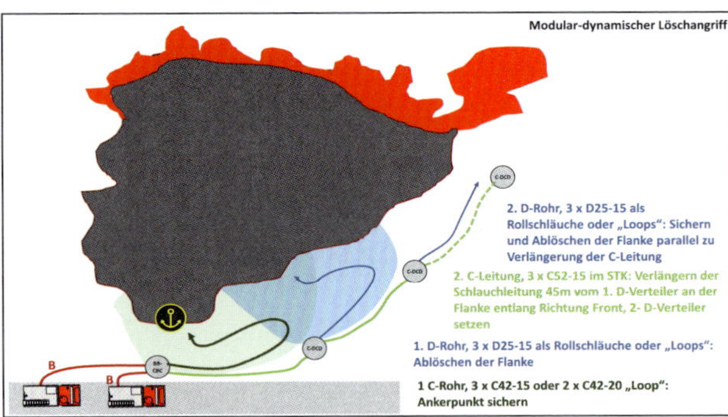
Modular-dynamischer Löschangriff
C-DCD
C-DCD
2. D-Rohr, 3 x D25-15 als Rollschläuche oder „Loops“: Sichern und Ablöschen der Flanke parallel zu Verlängerung der C-Leitung
2. C-Leitung, 3 x C52-15 im STK: Verlängern der Schlauchleitung 45m vom 1. D-Verteiler an der Flanke entlang Richtung Front, 2- D-Verteiler setzen
1. D-Rohr, 3 x D25-15 als Rollschläuche oder „Loops“: Ablöschen der Flanke
1 C-Rohr, 3 x C42-15 oder 2 x C42-20 „Loop“: Ankerpunkt sichern
B
B

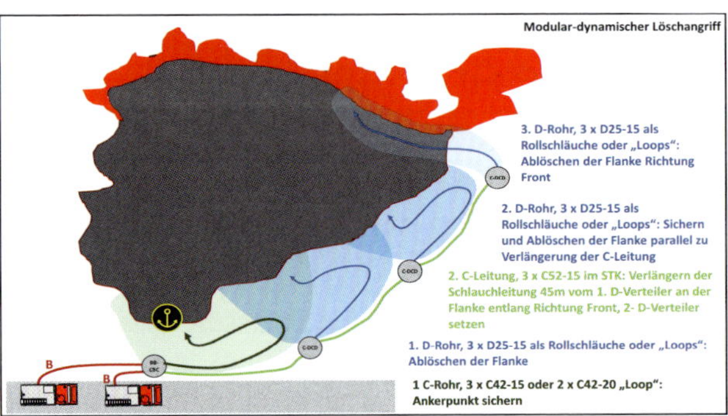
Modular-dynamischer Löschangriff
3. D-Rohr, 3 x D25-15 als Rollschläuche oder „Loops“: Ablöschen der Flanke Richtung Front
2. D-Rohr, 3 x D25-15 als Rollschläuche oder „Loops“: Sichern und Ablöschen der Flanke parallel zu Verlängerung der C-Leitung
C-DCD
2. C-Leitung, 3 x C52-15 im STK: Verlängern der Schlauchleitung 45m vom 1. D-Verteiler an der Flanke entlang Richtung Front, 2- D-Verteiler setzen
1. D-Rohr, 3 x D25-15 als Rollschläuche oder „Loops“: Ablöschen der Flanke
1 C-Rohr, 3 x C42-15 oder 2 x C42-20 „Loop“: Ankerpunkt sichern
B
B

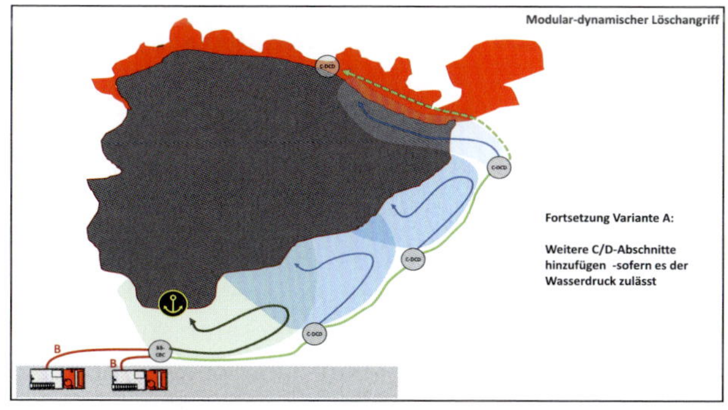

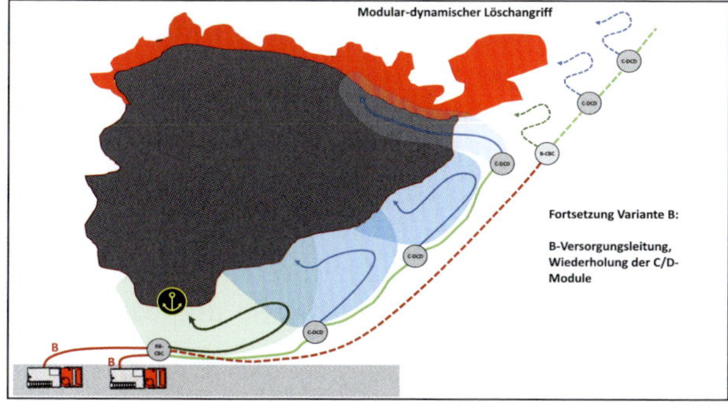

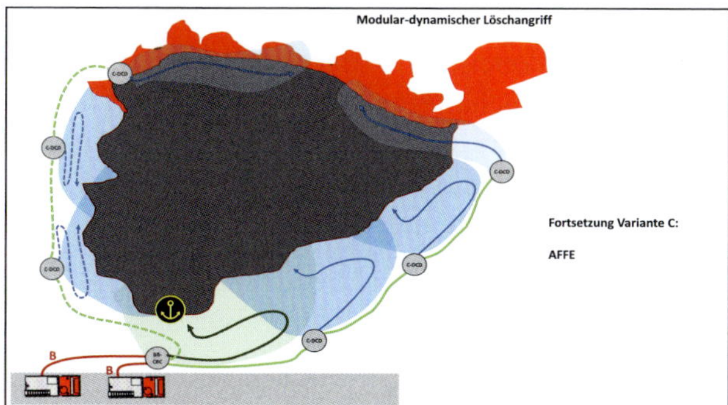

Abb. 210: Schematische Darstellung des sich entwickelnden Einsatzes mit C- und D-Schläuchen.

das Wasser zu beiden Seiten abgegeben, hier dagegen nur zur Seite des Feuers. Ein Überspringen der Verteidigungs- oder Angriffslinie muss natürlich vermieden werden. Erfolgt das doch, muss die Linie sofort angepasst werden!

7.7 Einsatzunterstützung aus der Luft

Einsatzunterstützung aus der Luft ist für verschiedene Bereiche wichtig und bei fast allen größeren Vegetationsbränden in der einen oder anderen Form unverzichtbar. Fehlt sie, wird das Schadensausmaß größer werden und der Einsatz kann länger dauern und mehr Kräfte binden. Allgemein ist die Nutzung von Fluggeräten stark von der Wetterlage und der Verfügbarkeit – sowie in der Praxis leider auch von den Finanzierungsregeln (vgl. Kap. 2.1 und 5.1.8) – abhängig.

In exponierten Lagen kann auch ein initialer Einsatz aus der Luft notwendig sein. Ein alleiniger Einsatz „von oben" ist aber nicht ausreichend. Beispielsweise wurden am 06.08.2013 bei einem mehrtägigen Waldbrand im Bayerischen Wald zuerst 2 Löschhubschrauber eingesetzt, um einen mit Fahrzeugen gar nicht und auch zu Fuß nur sehr schlecht erreichbaren Brandherd von oben anzugreifen. Aufgrund der Wetterlage und der Nacht musste der Einsatz allerdings unterbrochen werden, es gelang nicht, ausreichend Kräfte und Mittel in das Gebiet zu bekommen (oder dies wurde nicht intensiv genug versucht) und das fast gelöschte Feuer flammte am Folgetag wieder auf. Ähnliche Erfahrungen gibt es auch bei einigen anderen Einsätzen.

Aktualisierte Informationen nach den vor Ort verfügbaren Luftfahrzeugen bzw. Außenlastbehältern sollten wenigstens den Leitstellen und spezialisierten Führungskräften zur Verfügung stehen. Das Bundesland Bayern gibt jährlich das Jahrbuch für den Brand- und Katastrophenschutz mit allen Daten und Adressen heraus.

Man kann Luftfahrzeuge, z.B. Drohnen, Flächenflugzeuge und Hubschrauber nach ihrem taktischen Einsatzgebiet allgemein unterscheiden in:

- Fluggeräte zur Erkundung oder Beobachtung
- Fluggeräte zum Löscheinsatz
- Fluggeräte zum Material- und Personaltransport

Löschflugzeuge

Löschflugzeuge, die direkt beim niedrigen Überflug auf dem Wasser von dessen Oberfläche mit Wasser befüllt werden, werden im englischen Sprachraum oft auch als „Scooper" bezeichnet. Häufig verwendete Typen sind z.B. die Canadair CL 215 bzw. CL 415. Diese Flugzeuge wurden in einer Untersuchung in den USA als wirtschaftlichere Variante im Vergleich mit Hubschraubern oder normalen Flächenflugzeugen für die direkte Waldbrandbekämpfung ermittelt. Das gilt natürlich nur für die dort betrachteten topologischen Bedingungen und es setzt v.a. das Vorhandensein geeigneter, von allen Hindernissen und von Schiffs-, Bootsverkehr sowie Schwimmern freien Wasseraufnahmeflächen voraus!

Außerdem gibt es noch sehr große Löschflugzeuge (Heavy Air Tanker), die fest ausgebaut sind und nur von festen Flugplätzen aus operieren können – und dort am Boden auch wieder neu befüllt werden müssen. Diese Flugzeuge werden v.a. bei den sehr großflächigen Feuern auf dem amerikanischen Kontinent zum Einsatz gebracht. Es handelt sich um verschiedene Typen mehrmotoriger Maschinen mit z.B. 3.000 Gallonen (= ca. 11.000 L) oder z.B. dreistrahligen DC-10 mit ca. 12.000 Gallonen (= ca. 45.000 L) oder dem größten derartigen Flugzeug, der 747 mit 20.000 Gallonen (= ca. 76.000 L), die Retardants oder Wasser transportieren. Oft sind es private Betreiber, die die Maschinen über Kontrakte an z.B. die Forstbehörden für eine Saison oder bestimmte Feuer vermieten. Der Einsatz derart großer Flugzeuge erscheint bei den bisherigen Ausdehnungen von Großfeuern in Deutschland nicht sinnvoll. Sollten sich tatsächlich einmal Brände so groß entwickeln, wäre diese Maschinen – so verfügbar – auch aus Amerika zu verlegen. Demonstrationsflüge hat es in Europa z.B. mit der 747 der Fa. Evergreen schon gegeben. Einsatztaktische Erfahrungen mit dem Einsatz solcher Flugzeuge liegen in Europa aber nicht vor! Eine umfangreiche Übersicht liefert JENDSCH (2010).

Abb. 211: Scooper sind Wasserflugzeuge. Sie nehmen in einer Teilwasserung im Flug auf geeigneten Gewässern über Öffnungen im Rumpf Wasser auf. Sie verfügen daher über einen bootsartigen Rumpf und Schwimmkörper.

Abb. 212: Scooper werden einzeln und auch im Formationsflug (hier: Griechenland) eingesetzt. Letzteres erfordert gut eingespielte Besatzungen.

Tab. 1: Eignung der verschiedenen Luftfahrzeuge

Aufgabe	Fluggerät	Vorteile	Nachteile
Erkundung und Beobachtung	Hubschrauber	Stehen auf der Stelle ist möglich, Aufnahme von Beobachtern auch vor Ort ohne Landebahn möglich.	Hohe Kosten
	Tragschrauber (Gyrokopter)	Billiger als Hubschrauber. Sehr langsamer Flug. Einfache Landeplätze (ggf. auch große Parkplätze o.ä.) ausreichend.	Außerhalb von Beobachtungseinsätzen kaum sinnvoll verwendbar, da zu geringe Nutzlast. Kann nicht auf der Stelle landen bzw. schweben.
	Flächenflugzeuge	Schnelles Erreichen auch weiter entfernter Bereiche ist möglich.	Stehen auf der Stelle ist nicht möglich. Aufnahme von Beobachtern nur an Flugplätzen möglich.
	Drohne	Schnelles Erreichen auch weiter entfernter Bereiche ist möglich Kostengünstig.	Je nach Gerät (Hubschrauber oder Flächenflugzeug) stehen auf der Stelle möglich oder nicht. Teilweise recht windempfindlich. Reichweite abhängig von der Fernsteuerung. Transport von Personal und Beladung unmöglich.
Löschen	Hubschrauber	Punktgenauer Abwurf ist möglich. Einsatz auch in schwierigem Gelände (Berge) möglich.	Hohe Kosten. Je nach Typ nur geringe Wassermenge.
	Flächenflugzeuge	Je nach Flugzeugtyp und Entfernung große Löschleistung (Wasser/Zeiteinheit) möglich. Man unterscheidet in Flugzeuge, die am Boden stehend mit Wasser betankt werden müssen und solchen, die sich die Tanks beim niedrigen Überflug über möglichst glatte, große Wasserflächen selbst füllen (Scooper).	Große Flugzeuge sind nur begrenzt sinnvoll einsetzbar und sehr unbeweglich. Kleine Flugzeuge haben weniger bis etwas mehr Transportkapazität als größere Hubschrauber. Flächenflugzeuge benötigen mit Ausnahme der Scooper zur Wasseraufnahme geeignete Lande- und Startbahnen und dort dann auch die entsprechende Unterstützung durch die Feuerwehr. Flächenflugzeuge benötigen Mindestfluggeschwindigkeiten auch beim Abwurf. Dies macht den Einsatz in schwierigem Gelände (Berge, Täler) gefährlich oder gar unmöglich.

Tab. 1: Eignung der verschiedenen Luftfahrzeuge *(Forts.)*

Aufgabe	Fluggerät	Vorteile	Nachteile
Material- und Personaltransport	Hubschrauber	Punktgenaues Absetzen ist möglich Einsatz auch in schwierigem Gelände (z.B. Gebirge) möglich	Je nach Hubschraubertyp nur beschränkte Kapazitäten
	Flächenflugzeuge	Je nach Flugzeugtyp und Entfernung im Verhältnis zum Hubschrauber große Transportleistungen möglich, wenn eine Landebahn vorhanden ist und das Material (z.T. sogar ganze Fahrzeuge!) in das Flugzeug passt.	Benötigen immer eine Start- und Landebahn
Retten	Hubschrauber	Das Retten aus gefährlichen Lagen durch – Landen an einer freien Stelle, – Aufnehmen mit Winde oder – Seil ist nur mit geeigneten Hubschraubern möglich!	

In Mitteleuropa, v.a. in Deutschland, gelten aufgrund der dichten Besiedlung und der Topographie sowie Umweltschutzdiskussionen (hier v.a. die Ablehnung von Retardants oder Schaummittel) andere Einsatzgrundlagen für den Löscheinsatz mit Fluggeräten als in den USA, Kanada, Skandinavien oder in den Mittelmeerländern:

- Der Einsatz von Scoopern ist mangels geeigneter großer Wasserflächen in der Nähe von flächenbrandgefährdeten Gebieten i.d.R. wenig sinnvoll.
- Das Betanken von Flugzeugen mit Löschwasser auf Landeplätzen ist aufwendig (ein für die beteiligten Flugzeuge geeigneter Flugplatz wird benötigt, das Betanken mit Wasser erfordert eine geeignete Infrastruktur, kann zeitaufwendig sein und die An- und Abflüge kosten viel Treibstoff).
- Das Vorhalten von spezialisierten großen Flächenflugzeugen ist mangels geeigneter Einsatzmöglichkeiten für Deutschland eher unwirtschaftlich. Der Einsatz von europäischen Flugzeugen ist im Einzelfall denkbar und über den EU-Zivilschutzmechanismus abrufbar.
- Eine hügelige oder gar bergige Landschaft mit Baumbewuchs ist für den Einsatz von Flächenflugzeugen problematisch, weil kaum gerade Flugstrecken zu erreichen sind und es dafür in Deutschland kaum geeignete Flugzeuge und erfahrene Piloten gib.

Rüstsätze für den Transport und das Abwerfen von Löschwasser für die Transall C-160 wurden nach der Waldbrandkatastrophe von 1975 (Niedersachsen) entwickelt, ab 1977 erprobt und zuletzt vermutlich 1988 eingesetzt. Die Erfahrungen sind bei Cimolino (2014) ausführlich beschrieben.

Im Ausland wird immer noch der „AirTractor" AT-802 eingesetzt. Dieses Flugzeug verfügt über ca. 3000 L Löschwasser und man kann damit gerade im schnellen Ersteinsatz gute Erfolge erzielen, wenn man über entsprechend ausgebildete Piloten und Unterstützungskräfte verfügt. Ein Punktwurf von Löschwasser ist damit natürlich ebenfalls nicht möglich, aber GPS- und computerunterstützt auch der versetzte Streifenwurf.

Hubschrauber können zwar im Vergleich zu Fahrzeugen über direkte Strecken mit höherer Geschwindigkeit fliegen, wenn sie den Außenlastbehälter in der Maschine mitführen, oder der am Boden beigestellt

Abb. 213: Größere Einsätze mit mehreren Fluggeräten (hier Hubschrauber von Polizei, Bundespolizei – sowie nicht im Bild auch noch verschiedene Typen der Bundeswehr bei einer Übung in Bayern, 2010) erfordern eine entsprechende Logistik und auch eine fliegerische Einsatzplanung und -führung am besten in einem eigenen Abschnitt. Dazu muss überlegt und vermittelt werden, wo und wie das so teuer transportierte Löschmittel sinnvoll abgeworfen wird.

wird. Trotzdem müssen sie so verteilt sein, dass auch bei allen anderen Anforderungen (z.B. deren originäre Aufgaben im Rettungsdienst, für die Polizei (Länder und Bund) sowie die Bundeswehr, oder private Anbieter) hinreichend schnell, ausreichend viele, für den jeweiligen Bedarf geeignete Hubschrauber zur Verfügung stehen.

Da v.a. die Fähigkeiten der Bundeswehr seit Jahren einer drastischen Stückzahlreduzierung in der Ausrüstung mit Hubschraubern unterliegen, müssen alle anderen möglichst in ihren Fähigkeiten (technisch und von Seiten der Ausbildung) so ertüchtigt werden, dass ein möglichst breiter Nutzen möglich wird.

Die Fliegerstaffel der Bayerischen Polizei ist nach eigenen Angaben aus dem regulären Dienstbetrieb nicht in der Lage, neben dem Hubschrauber mit Piloten und Flugtechniker auch noch Personal für die Einweisung am Boden und die Bedienung der unterschiedlichen Außenlasten zu stellen. Es ist daher erforderlich, dass die Helfer der Feuerwehr am Boden die nötigen Kenntnisse haben. Dies ist umso wichtiger, als bei großen Einsätzen eine länderübergreifende Unterstützung unterschiedlichster Hubschrauberbetreiber regelmäßig nicht nur erforderlich ist, sondern auch gemacht wird, vgl. Kap. 7.3.4.

Den Führungskräften müssen die Möglichkeiten (z.B. verfügbare Hubschrauber, Flächenflugzeuge etc. mit den jeweils verfügbaren und dafür auch passenden Löschwasseraußenlastbehältern bekannt sein. Die Einsatzkräfte müssen in den notwendigen Tätigkeiten geschult sein. Sinnvoll ist auch hier eine Verbindungsperson bei vor Ort eingesetzten Einheiten (z.B. Handcrews) die das taktische Vorgehen der fliegenden Einheit kennt und auch abschätzen kann. Aus den Flugbewegungen, der Streckenführung, der Flugformation bei mehr als einem Fluggerät und den Flugzyklen (scope = Wasseraufnahme – drop down = Wasserabwurf) ist es möglich, die Bodeneinheiten im sicheren Bereich zu führen und möglichst effektiv und zeitnah zu erforderlichen Nachlöscharbeiten einzusetzen.

Erfahrung der Piloten

Die meisten Piloten und sonstigen Besatzungsmitglieder haben viel zu wenig Übungs- und Einsatzerfahrungen für die taktische Einsatzvariante „Brandbekämpfung aus der Luft“. Ausnahmen gelten hier praktisch nur für die, die regelmäßig selbst derartige Einsätze fliegen. Das sind fast nur private Anbieter, die in der „Saison“ aber fast alle in den Mittelmeerländern eingesetzt sind. Die Rahmenbedingungen bzw. Belastungen für das fliegende Gerät werden im Einsatzflugbetrieb zusammen mit den meteorologischen Rahmendaten oft unterschätzt. So kam es nach Berichten von Lehrgangsteilnehmern bzw. Ausbildern in Bayern mehrfach dazu, dass warme Luft im Hochsommer und natür-

Abb. 214: Flughelfer der Feuerwehr (roter Overall, weißer Helm) im RTB der BRK-Wasserwacht unter einer EC 155 der BPol beim Reparieren der elektrischen Verbindung zwischen Hubschrauber und LAB, die sich gelöst hatte.

lich erst recht die heißen Brandgase über dem Brandherd eine erhebliche Leistungsminderung auf die Triebwerke UND weniger Auftrieb bzw. Vortrieb an den Rotoren zur Folge haben. Dies führte in Einsätzen und Übungen dazu, dass Hubschrauber morgens kommen und den Einsatz beginnen. Überraschenderweise können sie aber z.B. im Sommer nach einer kurzen Pause um 11 h die gleiche Last nicht mehr anheben. In die vernetzte Einsatzplanung der Brandbekämpfung aus der Luft sind daher erfahrene Piloten mit einzubinden.

Um bei einem Unglück an einer Wasseraufnahme- oder Betankungsstelle (Wasser bzw. Kraftstoff) schnell Hilfe leisten zu können, sind diese geeignet in Absprache mit der fliegerischen Leitung bzw. den Piloten abzusichern. Dazu gehören auch Einheiten, die ggf. technische Defekte lösen können! Nach persönlicher Information von Saller (2013) kam es beim Einsatz am Thumsee, Ende Juli 2013, zu folgender Situation: Trotz vorherigem Systemcheck beim Einhängen des Löschwasseraußenlastbehälters (LAB) an den Hubschrauber war der Hubschrauber aufgrund seines Eigengewichtes (inkl. Kraftstoff), der Höhe und der aufgenommenen Wassermenge nicht in der Lage, den LAB aus dem Wasser zu heben. Die Entleerung durch den Operator an Bord des Hubschraubers hatte nicht funktioniert, weil sich der Steckkontakt am LAB gelöst hatte. Um einen Notabwurf mit möglichem Behälterverlust[1] zu verhindern, wurde von einem RTB der BRK Wasserwacht (vgl. Abb. 214) ein ausgebildeter Flughelfer zum „gefesselten“ Hubschrauber gebracht, dem es gelang, die elektrische Verbindung wieder herzustellen. Damit konnte der Operator vom Hubschrauber aus den Behälter teilentleeren und der Einsatz konnte ohne Behälterverlust weitergeführt werden.

Seit Jahren gibt es Entwicklungen, auch unbemannte Luftfahrzeuge zur Brandbekämpfung einzusetzen. Bisher ist aber keines über das Forschungs- bzw. Versuchsstadium hinausgekommen.

Eine Sonderform der Einsatzunterstützung aus der Luft ist die Verwendung von Bilddaten von hochfliegenden speziellen (Aufklärungs-) Flugzeugen oder gar Satelliten. Mit dem Zentrum für satellitengestützte Kriseninformation (ZKI) gibt es seit Anfang 2013 hier auch bessere Möglichkeiten für berechtigte Nutzer, an entsprechende Informationen zu kommen.

7.7.1 Kategorisierung von Luftfahrzeugen

Um im Einsatzbetrieb einfacher und klarer planen und kommunizieren zu können, müssen Luftfahrzeuge klar im Einsatzwert erkennbar sein.

In jedem Fall bietet es sich an, spätestens für den Fall der Aktivierung von mehr als 2 Luftfahrzeugen zur Unterstützung der Einsatzleitung eine qualifizierte Führungskraft einzusetzen, die Erfahrung mit dem Management von Luftfahrzeugeinsätzen hat.

Die Einteilung in die Kategorien sollte spätestens am (Hubschrauber-) Landeplatz (i.d.R. hier immer ein Außenlandeplatz) erfolgen.

Eine enge Zusammenarbeit mit den Luftfahrzeugbesatzungen über geeignete Kommunikationswege ist immer notwendig!

Für die weitere Betrachtung bietet sich die Kategorisierung der Luftfahrzeuge nach internationalem Muster an.

---

[1] Nach einem Behälternotabwurf über Wasser müsste dieser anschließend mit Tauchern und einem Kran bzw. größeren Hubschrauber geborgen werden, was während so eines Einsatzes gar nicht möglich ist. In weniger tiefen Gewässern könnte der versenkte AB die weitere Wasseraufnahme an der Stelle außerdem erschweren bzw. eine weitere Gefahr des Hängenbleibens darstellen.

Drohnen

Drohnen werden heute umfassend genutzt von

- Privaten Nutzern, eine Nutzung durch die Einsatzkräfte ist über die einschlägigen gesetzlichen Regeln zur Inanspruchnahme von Sachen im Einsatz ermöglicht.
- BOS-Organisationen

Drohnen gibt es als

- Drehflügler (Arbeiten an einer Stelle ist möglich)
- Flächenflieger (i.d.R. nur bei kommerziellen Nutzern und der Bundeswehr in Verwendung)

Bei der Nutzung von Drohnen ist u.a. zu achten auf

- Funkreichweite bzw. -abschattungen (Steuerung, Bilddatenübertragung)
- Störungen durch elektromagnetische Felder

Sobald in einem Einsatzgebiet der Einsatz von bemannten Luftfahrzeugen durchgeführt wird, ist der Einsatz von Drohnen (auch „BOS-Drohnen") in dem Gebiet zu unterbinden!

Die Nutzung privater Drohnen ist zu untersagen, das muss über die Medien und Social Media kommuniziert und ggf. vor Ort überwacht werden!

Hubschrauber

Hubschrauber können eingesetzt werden für

- Waldbrandfrüherkennungs-/Überwachungs-/Beobachtungsflüge
- Erkundung aus der Luft
- Führung von mehreren Luftfahrzeugen im Einsatzgebiet. Dies erfolgt immer auf einer Flugebene deutlich oberhalb der anderen eingesetzten Luftfahrzeuge und immer kreisend entgegen deren Hauptflugrichtung. Sie sind dann besetzt durch einen Piloten und mit entsprechend geschultem Personal zur Führung der anderen Luftfahrzeuge. Der Funkverkehr ist i.d.R. auf Flugfunk zu führen.
- Löschen mit Außenlastbehältern.
- Transport von Material.
- Transport von Gerät (in der Maschine oder als Außenlast)
- Kurzfristige Rettung von Bodenkräften z.B. mittels Longline

Tab. 2: Typisierung der Hubschrauber für den Löscheinsatz

Typ (interntl.)	Dt. Beschr.	Löschwasser-menge (Liter)	Beispiele (Achtung: Je nach Baujahr, konkretem Typ und konkreter Motorisierung bzw. Ausrüstung kann es hier auch zu Verschiebungen kommen! Private Hubschrauber für den professionellen Außenlasttransport können hier meist mehr Last transportieren, weil weniger andere Ausrüstung fest eingerüstet ist. Es kann daher zur Einteilung an sich baugleicher Hubschrauber in verschiedene Typen kommen!)
I	Groß	>2.000	Airbus AS332 SuperPuma Airbus AS330 Puma Airbus AS532 Cougar Kaman K-12 NH 90 Sikorsky S-61 SeaKing (auslaufend) Sikorski S-64 (CH 54) SkyCrane Sikorski S-65 (CH 53) Sikorski S-70 (UH 60) BlackHawk oder FireHawk
II	Mittel	800 – 2.000	Airbus EC 145, H 145 Airbus EC 155, H 155 Bell UH-1D 205 (einmotorig) Bell UH-1D 212 bzw. 412 (zweimotorig) PZL W-3A Sokol
III	Klein	< 800	Airbus AS 350 Airbus EC 135 Augusta A-119 Koala Bell 206 Bell 407

Einteilung der Hubschrauber für den Rettungseinsatz:

Für den vorgeplanten Hubschraubereinsatz zur Rettung auch aus schwierigem Gelände bzw. dynamischer Brandentwicklung sind in der Regel nur leistungsfähige Rettungshubschrauber mit Winde geeignet.

Hubschrauber ohne Winde können nur eingesetzt werden, wenn eine Landung im Gebiet möglich, oder eine Longline für kurze Entfernungen einsetzbar ist. Dies ist i.d.R. bei solchen Lagen gar nicht bzw. nicht mehr möglich.

In der Vorplanung werden diese daher nur in Hubschrauber zur Rettung

- mit bzw.
- ohne Winde

unterschieden.

Flächenflugzeuge

Flächenflugzeuge können eingesetzt werden für

- Waldbrandfrüherkennungs-/Überwachungs-/Beobachtungsflüge
- Erkundung aus der Luft (klassische Tätigkeit für „Luftbeobachter")
- Führung von mehreren Luftfahrzeugen im Einsatzgebiet. Dies erfolgt immer auf einer Flugebene deutlich oberhalb der anderen eingesetzten Luftfahrzeuge und immer kreisend entgegen deren Hauptflugrichtung. Sie sind dann besetzt durch einen Piloten und mit entsprechend geschultem Personal zur Führung der anderen Luftfahrzeuge. Der Funkverkehr ist i.d.R. auf Flugfunk zu führen.
- Löschflugzeuge (nur die, die auch in der EU verfügbar wären, anzufordern über die jeweils in den Bundesländern geltenden Melde- und Alarmierungswege z.B. für das RescEU-Verfahren):

Tab. 3: Typisierung der Flugzeuge für den Löscheinsatz

Typ (interntl.)	Dt. Beschreibung	Löschwassermenge (Liter)	Beispiele
I	Sehr groß	>10.000	Berlev Be 200 Altair Bombardier Dash 8 Q400-MR Lockheed C-130 Hercules
II	Groß	5.000 – 10.000	Bombardier 415 Canadair CL 215 Canadair CL 215T
III	Mittel	3.000 – 5.000	Air Tractor AT 802F/AF Air Tractor AT 802F/Fire Boss Conair Firecat/Turbo Firecat (Grumman S2-Tracker)
IV	Klein	<3.000	PZL Mielec M-18 Dromedar

7.7.2 Einsatz von Luftfahrzeugen

Stufen für den Einsatz

Der Einsatz von Luftfahrzeugen erfolgt in mehreren Stufen – abhängig von der Komplexität der Lage sowie der Anzahl und Varianten der Luftfahrzeuge im Einsatz.

I.d.R. werden in Stufe 1 nur Luftfahrzeuge mit BOS-Funk (Polizei, Bundespolizei) eingesetzt.

Ab Stufe 2 muss damit gerechnet werden, dass Luftfahrzeuge, z.B. der Bundeswehr oder von Privaten, eingesetzt werden, die über keine BOS-Funkausstattung verfügen.

Ab Stufe 3 wird das die Regel sein.

Die Stufe 4 kommt in Deutschland nur zum Einsatz, wenn parallel zu Hubschraubern auch Flächenflugzeuge (z.B. über RescEU) zum Löschen eingesetzt werden sollen, weil das erhebliche Konsequenzen für den Flugbetrieb (räumlich bzw. zeitlich) haben wird und sorgfältig geplant werden muss! (Ein Flächenflugzeug an einer Einsatzstelle für Erkundungs-, Beobachtungs- oder Führungsaufgaben in deutlich separierter (größerer) Flughöhe führt nicht zur Stufe 4, muss aber trotzdem deutlich zu allen Luftfahrzeugen kommuniziert und sorgfältig geplant werden!)

Einsätze bei Nacht und schlechter Sicht:

Für notwendige Einsätze in der Nacht muss die Nachflugtauglichkeit gesondert überprüft werden. Dies betrifft zum einen die technische Ausstattung der Maschinen, die Ausbildung der Besatzung und die jeweilige Lage.

Tab. 4: Einsatzstufen von Luftfahrzeugen

Stufe	Anzahl + Art Luftfahrzeuge	Kommunikation Luft-Boden	Außen-Landeplatz erforderlich	Auswahl durch	Landeplatz-betrieb erforderlich?
1	1 – 2 meist ähnlich leistungsfähige Hubschrauber	BOS-Funk	Meist ja, ALB einhängen Absprache mit EL	Pilot	Nein
2	>2 meist ähnlich leistungsfähige Hubschr., z.T. bereits sehr unterschiedliche Typen	BOS-Funk Zusätzlich immer Flugfunk (VHF) erforderlich	Ja	EL bzw. AL Luft	Ja z.T. mit Außentankstelle, wenn längerer Einsatz
3	Viele Typvarianten, verschiedene Betreiber, komplexe Lage	I.d.R. nur Flugfunk	ja	EL bzw. AL Luft	Ja Meist mit Außentankstelle
4	Hubschrauber und Flächenflugzeuge	Nur Flugfunk	Ja (für Hubschrauber) Flugplatz für Flächenflugzeuge	EL bzw. AL Luft	Ja Meist mit Außentankstelle

Auswahl des Luftfahrzeugs

Je nach Einsatzzweck und Verfügbarkeit muss das richtige Luftfahrzeug ausgewählt werden, soweit insbesondere bei längeren und größeren Lagen Auswahlmöglichkeiten bestehen.

In selbst erstellte Tabellen oder Vorlagen, vgl. CIMOLINO (2020), können diese für die eigenen Bereiche eingetragen bzw. die zu beachtenden Wege für die Anforderung abgeheftet werden.

Es bietet sich hier v.a. bei größeren oder komplexen Lagen an, frühzeitig einen geeigneten Fachberater für den Luftfahrzeugeinsatz einzusetzen, der die nötige Fachkunde hat, um den Einsatzleiter bzw. den S 3 in einem Stab bei der Auswahl beraten zu können und später den Abschnittsleiter Luft bzw. Luftfahrzeugeinsatz (in Bayern Fliegerische Einsatzleitung, FliegE) darstellen zu können.

Abschnittsleiter Luft bzw. Luftfahrzeugeinsatz

Die Aufgaben des Abschnittsleiters Luft(fahrzeugeinsatz) sind:

- Definierung der Einsatzstufe bzw. vorausschauende Planung in Bezug auf die weitere Entwicklung.
- (Weitere) Beratung des Einsatz- oder bei sehr großen Einsätzen ggf. auch einen (Einsatz)Abschnittsleiters oder einer FEL oder eines TEL in
  - der Auswahl und für den
  - Einsatz der Luftfahrzeuge.

  Insbesondere für die Einsatzbereiche
  - Löschwassertransport und
  - Löschwasserabwurf
  - Personal- und
  - Materialtransport (in abgelegene und schlecht oder nicht mit Fahrzeugen erreichbare Einsatzgebiete,
  - Rettung aus Gefahrenlagen.
- Aufbau und Betrieb des Einsatzabschnittes Luft(fahrzeugeinsatz), in der Regel auch mit fliegerischem Personal (Piloten, Flutlotsen, Luftfahrzeugoperateure) für den Funkbetrieb im Flugfunk, wenn keine eigenen Kräfte und Mittel dafür zur Verfügung stehen.
- Sicherstellung der Kommunikationsmittel und -wege dafür
- Zusammenarbeit mit den Luftfahrzeugpiloten bzw. -betreibern für den → Flugbetrieb
- Vorbereitung und Aufbau eines Außenlandeplatzes
  - Auswahl in Absprache mit den Piloten
  - Freihalten von Dritten

- Aufbau des Betriebs
- Ggf. Aufbau und brandschutztechnische Absicherung Außentankstelle

▶ Recherche zu geeigneten (Not-)Landesplätzen möglichst an Flughäfen für technische Defekte oder Wartungsaufgaben.

■ Flugbetrieb

Für den Flugbetrieb ist sicherzustellen:

▶ Wetter:
- Darstellung regionale Wetterlage und -entwicklung
- Insbesondere Windrichtung und -stärke am/im
  - Außen-/Hubschrauberlandeplatz
  - Abwurf- bzw. Absetzgebiet

▶ Kommunikationsplan
- Luft – Luft (also zwischen verschiedenen Luftfahrzeugen und zum Tower)
- Luft – Boden (also zwischen eingesetzten Luftfahrzeugen und Einsatzkräften am Boden, insbesondere wenn es hier zu verschiedenen direkten Kommunikationsnotwendigkeiten z.B. bei der Aufnahme von Außenlasten sowie beim Abwurf bzw. Absetzen von Lasten im Einsatzgebiet kommt.)
- Es bietet sich hier an, die Luftfahrzeuge (hier v.a. die Hubschrauber) klar zu kennzeichnen, um sie leichter erkennen und ansprechen zu können. Dies ist umso wichtiger, je mehr gleiche oder ähnliche Hubschrauber an einer Einsatzstelle zum Einsatz kommen. Vorschlag: Beschriftung mit großen arabischen Ziffern (weniger leicht zu verwechseln als römische), durchnummeriert in der Reihenfolge des Eintreffens, geführt über Übersichten, vgl. Kap. 7.7.1.

▶ Einsatzplan:
- Welche Luftfahrzeuge wann wie wofür?
- Mittel- und langfristige Planung, insbesondere unter Berücksichtigung der Einsatzziele der Einsatzleitung.
- Ausfallzeitenvorplanung für insbesondere geplante Maßnahmen wie
  - Mögliche Flugzeiten (Tageslicht, Nebel, Wetter etc.)
  - Notwendige Pausenzeiten (z.B. nicht mehr als 2 h Flugzeit/Besatzungsmitglied, danach 40 min Pause, vgl. gesetzliche Regelung Spanien)
  - Notwendige Wartungszeiten der Technik
- Anforderung und Einsatz von Unterstützungseinheiten mit Personal und Material für z.B.

  - Aufbau und Absicherung eines außenliegenden Hubschrauberlandeplatzes.
  - Dort dito ergänzend ggf. auch für einen Feldbetankungsplatz. Hinweis: Dies ist nur in Zusammenarbeit mit den Luftfahrzeugbetreibern möglich, weil nur diese über geeignete Tankfahrzeuge verfügen.
  - Löschwassertransport mit Außenlastbehälter
    - In die Abwurfzone (ggf. Einweiser mit direkten Kommunikationsmitteln zum Luftfahrzeug dort notwendig)
    - Von einem ausreichend großen und stabilen und gegen den Downwash gesicherten Faltbehälter oder offenem Tank (wasserdichten Abrollbehälter)
    - In einen ausreichend großen und stabilen und gegen den Downwash gesicherten Faltbehälter im Einsatzgebiet, um von dort mit kleiner TS und D-Schläuchen im Gebiet mit Bodenkräften arbeiten zu können.
- Einweisung der Mitarbeiter

7.8 Sicherheitsgrundsätze

Die Vorbilder für Sicherheitsgrundsätze kommen v.a. aus dem amerikanischen bzw. südeuropäischen Bereich und finden ihre fachlichen Grundlagen auch im deutschsprachigen Bereich. Der wichtigste Teil bzw. Schwerpunkt wird aus dem internationalen Akronym „L(A) CES“ zur Beschreibung der notwendigen Aspekte für sichere Waldbrandbekämpfung abgeleitet:

- L = Lookout: Beobachter und Sicherungs- bzw. Sicherheitsposten
- A = Ankerpoint (nicht in allen Übersichten enthalten, aber sehr zu empfehlen)
- C = Communications: Interne und externe Kommunikation
- E = Escape Route: Flucht- und Rettungsweg
- S = Safety Zone: Sicherer Bereich.

Daneben gelten die üblichen einsatztaktischen Regeln bzw. Grundsätze für die Führung, Bildung von Reserven (z.B. auch eines Schnelleinsatzteams) und die rechtzeitige Versorgung mit ausreichend Lösch- bzw. Arbeitsmitteln für die vorgesehenen taktischen Einsatzmaßnahmen.

Diese Regeln müssen in die Grundausbildung mit einfließen und können im Sinne der Mehrfachanwendung auch für andere Einsatzbereiche nahezu identisch und sehr sinnvoll genutzt werden, z.B. im ABC-

Einsatz oder bei Hochwasserlagen. In weiten Teilen sind sie auch für die schwere THL (LKW-Unfälle bzw. Gebäudeeinstürze) anwendbar. Sie gelten organisationsübergreifend und überregional als Sicherheitsgrundsätze!

Die Einhaltung der Regeln muss vom Einsatz- bzw. den eingesetzten Abschnittsleitern oder sonstigen (Unter-)Führern laufend überwacht werden. Sie müssen als singuläre Ausschlusskriterien verstanden werden. D.h. die Nichterfüllung eines Punktes gefährdet die Sicherheit der eingesetzten Kräfte! Eine gleichwertige Kompensation muss geschaffen werden!

7.8.1 Lookout = Beobachter und Sicherungs- bzw. Sicherheitsposten

Der Beobachter bzw. Sicherungs- oder Sicherheitsposten beteiligt sich nicht an den eigentlichen Löscharbeiten. Er beobachtet ständig und aufmerksam die Lage auf Veränderungen (z.B. durch die Löscharbeiten, bzw. auch durch deren möglichen Misserfolg, aber auch durch den Wind oder andere betroffene Vegetation). Er berichtet direkt dem jeweiligen Einsatz- bzw. Abschnittsleiter.

Eine weitere Aufgabe des Sicherungspostens kann die Überwachung der Sicherheit im Sinne des „Safety Officer“ oder „Sicherheitsassistent“ sein. Die primären Aufgaben des v.a. lokal wichtigen Sicherungspostens gehen aber vor.

Hubrettungsgeräte können stationär einen erhöhten Ausblick bieten. Hubschrauber können das natürlich auch und über einen größeren Bereich, allerdings läuft man dann Gefahr, Details am Boden zu übersehen. Ggf. sind dann mehrere Sicherungsposten einzusetzen (je überschaubaren Abschnitt am Boden einen), die von einem Luftbeobachter o.ä. ergänzt werden können.

7.8.2 Ankerpunkt

Der Ankerpunkt liegt i.d.R. auf der windzugewandten (Rück-)Seite des Feuers.

In seltenen Fällen kann er z.B. bei dynamisch verlaufenden, windgetriebenen Feuern auch seitlich an einer Flanke liegen, wenn der Einsatzschwerpunkt hier das Stoppen der Front ist. Dies wird aber nur funktionieren, wenn das Feuer noch nicht zu intensiv ist und die Einsatzmittel vor Ort dafür ausreichend sind!

Der Ankerpunkt muss so gewählt werden, dass von ihm aus sicheres Arbeiten möglich ist. Üblicherweise steht dort das erste eingesetzte Löschfahrzeug und von diesem aus wird der Einsatz über die Flanken abgewickelt.

Bei ausgedehnten, d.h. breiten Feuersäumen, werden i.d.R. zwei Ankerpunkte (je einer zu jeder Seite/Flanke) benötigt. Stehen anfangs dafür nicht ausreichend Kräfte zur Verfügung, so muss auf der Seite begonnen werden, wo der größte Einsatzerfolg erwartbar ist, bzw. wo die Gefahr der weiteren Ausbreitung am größten ist (z.B. Verhinderung des Einlaufens der Feuerfront in einen Hang).

7.8.3 Interne und externe Kommunikation

Die interne Kommunikation einer Einheit egal welcher Stärke (beginnend beim Trupp, über Staffel bzw. Gruppe, zum Zug bis hin zum Verband) beschreibt die Vorhaben des jeweiligen Führers durch Einsatzbefehle und erläutert ggf. deren Rahmenbedingungen. Dazu gehören die zu erreichenden Ziele und die Grenzen des zugeteilten Einsatzgebietes (Areal) bzw. -auftrags (taktisches Ziel) – auch zu den benachbarten Einheiten bzw. Schnittstellen mit anderen Aufgaben. Die Kommunikation innerhalb einer Einheit und zur übergeordneten Führung muss im Rahmen des taktischen Führungsaufbaus jederzeit gewährleistet sein, um einen sicheren Einsatz zu ermöglichen.

Not- und Rückzugssignale

Jede Einsatzkraft in jeder Einheit im Gefahrenbereich muss jederzeit und sofort durch Zuruf oder Sprechfunk erreichbar sein, um ggf. auf Gefahrensituationen hingewiesen zu werden oder selbst Hinweise geben zu können. Entsprechende Not- oder Rückzugssignale sind im Vorfeld bzw. spätestens mit dem Einsatzbefehl auszugeben. Schon in CIMOLINO u. SÜDMERSEN (2013) wurde hier die Signalgebung per eindringlicher Trillerpfeife beschrieben, wenn nicht jedes Teammitglied bzw. Trupp ein eigenes Funkgerät hat.

Evakuierung: --- --- --- --- --- (3 kurze Signale je 1 Sekunde – Pause),

so lange bis Evakuierung sichergestellt und durchgeführt ist.

Die externe Kommunikation beschreibt den Einsatz bzw. die geplanten Vorhaben für am Einsatz indirekt beteiligte oder betroffene Gruppen bzw. Personen sowie die Medien. Sie kann zur Verhaltenssteuerung von Gruppen (z.B. Anwohnern) genutzt werden. Wegen der Verbreitung von Smartphone und sozialen Medien wie Facebook darf die Verbreitung und Macht dieses Instruments auf keinen Fall unterschätzt werden!

7.8.4 Flucht- und Rettungswege

V.a. windgetriebene Vegetationsbrände verhalten sich sehr dynamisch. D.h. sie breiten sich mit erheblichen Geschwindigkeiten aus und können dadurch auch recht schnell und unerwartet ihre Richtung erheblich ändern. So kann es durch sich verändernde Windrichtung, Funkenflug, Feuerübersprung usw. sehr schnell zu Gefährdungen auch im Rücken der Einsatzkräfte kommen.

Im Gefährdungsbereich von Vegetationsbränden müssen in jedem Einsatz allen Einsatzkräften die Flucht- und Rettungswege klar sein.

- Ein Fluchtweg dient der eigenen Flucht aus einem gefährdeten Gebiet.
- Ein Rettungsweg kann auch der Unterstützung bzw. Rettung einer betroffenen Einheit durch andere Einheiten von außen dienen. Dies kann auch der Weg über die Luft mit einem Hubschrauber sein, so denn hinreichend schnell ein dafür geeigneter auch zur Verfügung steht.

Fluchtwege müssen (mit Fahrzeugen bzw. zu Fuß) wie vorgesehen nutzbar sein und sollten nicht hangaufwärts oberhalb des Feuers liegen bzw. durch dieses Gebiet führen. Sie müssen möglichst frei von Hindernissen sein bzw. gehalten werden und in jedem Fall aus dem Gefahrenbereich in einen sicheren Bereich zu einer Sicherheitszone bzw. einen sicheren Sammelraum führen, vgl. Kap. 7.1.4. Sind Fluchtwege bzw. sichere Zonen nicht vorhanden, müssen sie erkundet bzw. geschaffen werden, oder der Einsatz darf in diesem Gebiet nicht mit Einsatzkräften oder Fahrzeugen am Boden durchgeführt werden und es ist eine andere Verteidigungslinie zu wählen!

7.8.5 Sicherheitszone/Sammelplatz

Bei jedem Einsatz zur Vegetationsbrandbekämpfung, bei dem es zur Gefährdung der Einsatzkräfte kommen könnte, muss eine Sicherheitszone bzw. ein sicherer Sammelraum definiert und kommuniziert werden. Dorthin müssen sich die Einsatzkräfte bei einer tatsächlichen Gefahr oder durch die Lageänderung potenziellen Gefährdung zurückziehen können. Dieser Bereich bzw. dessen Umgebung (falls es sich z.B. um ein festes Gebäude handelt) muss möglichst frei von brennbarem Material sein bzw. gemacht werden. Alle Einsatzkräfte sollten mit ihrer Ausrüstung (das können auch Fahrzeuge sein) sicher Platz finden.

In großen Einsatzstellen (Flächenlagen, nicht nur bei Vegetationsbränden) sind i.d.R. mehrere sichere Bereiche notwendig und in der Gesamtlage bzw. deren Entwicklung immer auf ihre Sicherheit hin zu beobachten bzw. zu verlegen. Sie sind daher in die Lagekarten jeder Führungsebene aufzunehmen und ggf. eindeutig zu benennen, um im Notfall schnell reagieren zu können und Missverständnisse zu vermeiden.

7.8.6 Verhalten in Notsituationen

Die beste Notsituation ist die, die nie eintritt. Trotzdem kann es durch die Verkettung mehrerer Umstände oder für den jeweiligen Einsatz unerwarteter bzw. unwahrscheinlicher Probleme zu Situationen führen, wo sofort reagiert werden muss, um Verletzungen zu vermeiden oder verletzte Einsatzkräfte zu retten. In jeder Notsituation ist schnelles, aber dennoch klares und überlegtes Handeln notwendig.

Temporary Refuge Area

Es ist absolut anzuraten, für die jeweiligen Einheiten „sichere Zonen" (Safety Zone) auszuweisen, in die diese sich zurückziehen können, wenn die Lage eskaliert. In den USA wird zusätzlich oft auch noch eine TRA (Temporary Refuge Area) eingerichtet. Dies ist ein Bereich, in den die Einheit sich kurzzeitig zurückziehen kann, wenn lokal die Situation zu „brenzlig" wird.

Sollte es zu einer Notsituation kommen (z.B. ein Überspringen des Feuers in den Rücken der eingesetzten Kräfte, Intensität verstärkt sich maßgeblich und mit den vorhanden Kräften ist das Feuer nicht zu beherrschen, Munitionsfunde usw.) sind alle Teammitglieder, der zuständige bzw. übergeordnete Führer und ggf. auch die benachbarten Einheiten zu warnen bzw. zu informieren.

Reserven sind bei Einsätzen, die nicht sofort und sicher von nur einem Fahrzeug abgearbeitet werden können, in jedem Fall zu bilden, bei Bedarf rechtzeitig heranzuziehen – und die Reserve dann umgehend durch andere nachgeführte Einheiten wieder aufzufüllen bzw. zu verstärken.

Ist es nicht mehr möglich, den Einsatzverlauf durch die vor Ort befindliche Einheit bzw. die nachgeführte Verstärkung bzw. Reserven sicher zu kontrollieren, muss unverzüglich der Rückzug angetreten werden. Der erkundete Fluchtweg in den sicheren Bereich (vgl. Kap. 7.8.3 und 7.8.4). ist dabei die letzte Möglichkeit. Diese taktische Variante ist sofort der übergeordneten Führung zu melden, die die Einheiten in den Nachbarbereichen informieren, zur Rettung umgruppieren bzw. sogar zurückziehen muss, um zu verhindern, dass diese ebenfalls eingeschlossen werden.

Deutsche Einsatzfahrzeuge zur Waldbrandbekämpfung verfügen im Gegensatz zu den Fahrzeugen z.B. in Frankreich oder Spanien i.d.R. über keine Selbstschutzanlagen, vgl. Kap. 6.3.1. Hier kann nur durch bewusstes Zurückhalten einer Notwassermenge von mind. 300 L mit D-Leitungen und -Hohlstrahlrohren eine behelfsmäßige Lösung zur Verteidigung des sicheren Bereichs erreicht werden. Eine ebenfalls bewährte und sinnvolle Methode ist, den formfesten Schnellangriff (Schnellangriffshaspel) nicht für die direkte Brandbekämpfung, sondern ausschließlich für den Eigenschutz zu verwenden. Dabei muss das Hohlstrahlrohr (zunächst) immer auf die kleinste Durchflussmenge eingestellt werden, um mit dem (ggf. restlichen!) Wasser sparsam umzugehen.

Nach jedem Rückzug bzw. beim Erreichen des sicheren Bereichs ist die Vollzähligkeit der Mannschaft festzustellen.

7.9 Einfache taktische Waldbrandprognose (ETW)

Reaktion bedeutet Rückhandlung und beschreibt für den Bereich Vegetationsbrandbekämpfung taktische Maßnahmen, die aufgrund von bemerktem Brandverhalten eingeleitet werden und deren Wirksamkeit dem Brandverhalten daher oft hinterherläuft. Die Einleitung der Maßnahmen bis zu deren Wirksamkeit wird oftmals durch die Schnelligkeit der Brandausweitung oder der Änderung im Brandverhalten ad absurdum geführt oder man versucht taktische Varianten, die für die zu erwartenden Brandintensitäten von vornherein zum Scheitern verurteilt oder sogar gefährlich sind.

Aktion dagegen bedeutet „Handlung“ und ist die bevorzugte taktische Herangehensweise für Vegetationsbrände. Was versetzt uns nun in die Lage, zu agieren statt nur zu reagieren?

Dafür benötigt man ein Vorhersagewerkzeug, das überall, ohne große technische Anforderungen wie PC-Technik o.ä. eingesetzt werden kann und so treffgenau ist, dass der FA sich unter Beachtung der Sicherheitsregeln und der Beobachtung des Brandverhaltens/-verlaufes auf das Vorhersagewerkzeug verlassen kann, um taktische Planungen vorzunehmen.

Regel 1:

Feuer ist vorhersagbar. Es folgt physikalischen Grundsätzen und Wettereinflüssen, die sein Verhalten und seine Intensität vorhersagbar und übertragbar machen.

Regel 2:

Feuer verhält sich unter gleichen Umgebungsbedingungen verlässlich gleichartig.

Das Brandverhalten wird hauptsächlich durch die folgenden Faktoren beeinflusst:

- Brennstofftemperatur – Änderung durch Sonneneinstrahlung oder Beschattung
- Wettereinfluss/Wind – Änderung in Richtung und Geschwindigkeit
- Topographische Einflüsse – Feuerlaufrichtung hangauf- oder abwärts
- Art der Brennstoffe – Leicht bzw. schwerer brennbar aufgrund der Oberflächenstruktur

7.9.1 Faktor Brennstofftemperatur

Die Brennstofftemperatur wird maßgeblich durch die einfallende Sonnenstrahlung beeinflusst. Im Tagesverlauf erwärmen sich bestimmte Bereiche und kühlen danach wieder ab. Die Temperaturunterschiede betragen dabei oft bis zu 20 Grad Celsius, was sich erheblich auf die Zündfähigkeit der Brennstoffe auswirkt.

Wenn das Feuer aus einem beschatteten Bereich in eine sonnenbeschienene Freifläche läuft, wird sich das Brandverhalten eher verschlimmern, im umgekehrten Fall eher vermindern. In Nordeuropa werden Südhänge gegen Mittag die höchste Brennstofftemperatur erreichen, Westhänge gegen Nachmittag.

Beispiel:

Feuer auf einem Südhang gegen 10:30 Uhr mit Flammenlängen in Gras um die 1,5–2m. Da sich die Brennstofftemperatur in naher Zukunft eher erhöhen wird (Sonne wandert weiter in Südlage und erhöht die Temperatur entsprechend), ist auch mit größeren Flammenlängen und Ausbreitungsgeschwindigkeiten zu rechnen, d.h. das Feuer wird sich oberhalb der Kontrollschwelle befinden.

Im Gegensatz dazu bedeutet der gleiche Brand an gleicher Stelle um 15 Uhr, dass sich die Brandbedingungen eher vermindern werden.

7.9.2 Faktor Wind

Der Wind als treibende Kraft für das überwiegende Brandverhalten in Bezug auf Richtung und Geschwindigkeit hat zwei Wirkungen. Verstärkend, solange das Feuer in Windrichtung brennt und vermindernd, wenn es z.B. gegen den Wind oder seitlich dazu brennt. Der Unterschied kann von wenigen cm Flammenlänge bis hin zu mehreren Metern FL betragen und damit vom einfachen Austreten der Flammen bis hin zur Überschreitung aller Kontrollschwellen für bodengebundene Brandbekämpfung reichen. Klar ist auch, dass Änderungen der Windrichtung und -geschwindigkeit oftmals sehr plötzlich passieren und sich somit das Brandverhalten schnell ändert.

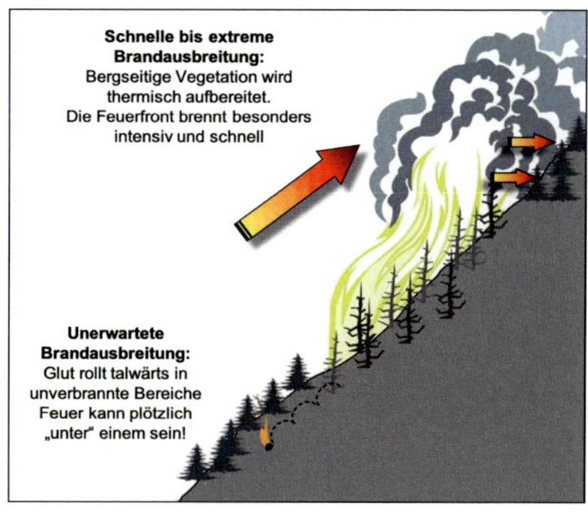

Abb. 215: Hangneigung und -einflüsse.

7.9.3 Faktor topographische Einflüsse

Es bedeutet einen erheblichen Unterschied, ob das Feuer einen Hang hinauf oder herabläuft. Dabei reichen wenige Grad Neigung bereits aus. Ab 25° Neigung erfolgt eine erhebliche Steigerung der Brandgeschwindigkeit und der Breite der Flammenfront.

Faustregel: Je 10° mehr Neigung erfolgt 100 % schnellere Ausbreitung hangaufwärts!

Hierbei treten mehrere Effekte ein. Zum einen die Neigung der Flammen gegen den Brennstoff durch das „Ankippen“ der Brennstoffe gegenüber den Flammen und die Neigung der Flammen an den Hang durch den Wind.

7.9.4 Faktor Art der Brennstoffe

Einen ebenso großen Unterschied macht es, ob es sich bei den Brennstoffen um leichter entzündbare Brennstoffe (Gras, Brennstoffe geringen Durchmessers und feiner Verteilung) oder schwerer entzündbare Brennstoffe (Zweige ab ca. 3–5 cm Durchmesser und dickere Äste und Stämme) handelt. Bei leichter entzündbaren Stoffen liegen i.d.R. erheblich höhere Ausbreitungsgeschwindigkeiten und Flammenlängen vor. Ausnahme bilden Nadelbetten, in denen trotz feiner Verteilung keine sehr großen Ausbreitungsgeschwindigkeiten zu beobachten sind. Da dieses von vielen Faktoren abhängig ist, kann wie auch in anderen Bereichen der Vegetationsbrandbekämpfung keine allgemein verbindliche Aussage getroffen werden.

7.9.5 Addierung der Faktoren

Die Faktoren addieren sich bzw. subtrahieren sich je nach deren Ausrichtung.

Brennt ein Feuer bergauf mit hangaufwärts gerichtetem Wind in durch die Sonne aufgeheizten, leichten Brennstoffen → Faktor 4 Feuer.

Brennt das gleiche Feuer hangabwärts aus der Sonne heraus in einen durch Bäume beschatteten Bereich → Faktor 1 Feuer (Faktor 4 von obiger Berechnung) –1 (Feuerlaufrichtung Hangabwärts) –1 (Feuer aus der Sonne heraus) –1 (Feuer gegen den Wind).

Die Addition und Subtraktion findet sich immer im Graubereich d.h. es gibt selten eine direkte Abtrennung zwischen den Faktoren, meist sagt man Faktor 1–2 Feuer oder Faktor 3–4 Feuer.

Die Kontrollschwelle für

- **Handwerkzeuge liegt in etwa bei Faktoren größer 2;**
- **Schlauchleitungen in etwa größer Faktor 3.**

Faktoren-Überlagerung: AUSRICHTUNG

Welche Faktoren beeinflussen das Feuer?

1. Wind – ja
2. Hanglage – ja
3. Hangausrichtung – ja
4. Brennstoff – ja

=> Faktor-4-Feuer

Abb. 216: Faktor-4-Feuer.

Faktoren-Überlagerung: AUSRICHTUNG

Welche Faktoren beeinflussen das Feuer?

1. **Wind – nein**
2. **Hanglage – nein**
3. **Hangausrichtung – nein**
4. **Brennstoff – ja**

=> Faktor-1-Feuer

Abb. 217: Faktor-1-Feuer.

ETW in der Praxis

Anwendung der ETW in der Praxis

1. Betrachtung des aktuellen Brandverhaltens
2. Analyse der vorherrschenden Faktoren (s.o.) – Bewertung der Faktoren (von Faktor „0“ = das Feuer geht von allein aus bis zu Faktor „4“ Feuer weit oberhalb der Kontrollschwelle.
3. Auswahl der Einsatztaktik basierend auf den vorherrschenden Brennstoffen und der Faktorenberechnung
4. Erkundung der Faktorenausrichtung / -überlagerung für die zukünftigen Brandbedingungen, darauf basierend Änderung der Taktik auf mehr offensiv oder eher defensiv bei Überschreitung der Kontrollschwellen.

Abb. 218: Beispielbilder mit Pfeilen.

8 Allgemeine Empfehlungen

Grundsätzlich ist festzustellen, dass es nachweislich in regenarmen Zeiten bzw. sog. „Jahrhundertsommern" zu einer signifikanten Erhöhung der Zahl der großen Vegetationsbrände kommt. Das Jahr 2019 hatte nach Auswertung der Waldbrandstatistik die zweitmeisten Vegetationsbrände seit der Wiedervereinigung (nur 1992 waren mehr Feuer zu verzeichnen). Auf entsprechende Wettervorhersagen muss daher rechtzeitig mit Maßnahmen der Einsatzvorbereitung reagiert werden.

Erfahrungen erfassen und auswerten

Es muss intensiv daran gearbeitet werden, Einsatzerfahrungen systematisch zu erfassen und auszuwerten, um daraus die nötigen Lehren ziehen zu können, die wiederum umgehend in die Anpassung der Einsatz- und Ausbildungsvorschriften (FwDV, Standardeinsatzregeln, UVV usw.) bzw. technische Ausrüstung (DIN, spezielle bzw. lokale Erfordernisse) fließen müssen. Als Vorbild für eine hervorragende und relativ aktuelle Aufarbeitung kann hier z.B. die Auswertung des Brandes in der Strabrechtser Heide durch das niederländische Ministerie van Veiligheid en Justitie im Juli 2010 gelten (vgl. Ministerie van Veiligheid en Jusitie, 2010).

Einbindung in Führungsstrukturen

Die Einbindung der verschiedenen Einheiten in Führungsstrukturen sollte künftig vermehrt und möglichst automatisch vernetzt geschehen.

Dazu werden technische Fähigkeiten von Fahrzeugen und Geräten verlangt, die im Standardeinsatz sonst kaum eine Rolle spielen. Die dabei auftretenden Einsatzdauern gehen oft weit über das sonst „Übliche" hinaus. Hier werden Fähigkeiten in der Führung und Durchhaltefähigkeit benötigt, die im Standardeinsatz der deutschen Feuerwehren so gut wie keine Rolle spielen, weil die normalerweise zu führenden

Einheiten deutlich kleiner sind und Versorgungsfragen abseits von Löschmitteln und Verpflegung kaum eine Rolle spielen.

Vegetationsbrände sind ab einer gewissen Größe und abhängig von der Wetterlage dynamische Ereignisse, deren potenzielle Gefährlichkeit häufig aufgrund fehlender spezieller Ausbildung bzw. eigener Erfahrungen unterschätzt werden. Die entsprechenden Ausbildungsgrundlagen müssen mindestens aktualisiert, wenn nicht sogar erst erarbeitet werden.

Vermittlung von Grundwissen

Das nötige Grundwissen zur Vegetationsbrandbekämpfung und damit der richtigen Anwendung von Taktik und Technik für die Mannschaften und Führungskräfte muss dort vermittelt und erhalten werden. Dies setzt die Integration dieser Themen in die standardisierte Feuerwehrausbildung nach FwDV 2 zwingend voraus. Zusätzlich muss die Ausbildung und der Einsatz von Spezialisten zur Vegetationsbrandbekämpfung, aber auch für die Zusammenarbeit mit Luftfahrzeugen ausgebaut und intensiviert werden.

Die Planspielausbildung im Sandkasten zur taktischen Aus- und Fortbildung v.a. für Führungskräfte ab Truppführer ermöglicht mit gerin-

Abb. 219: Sandkasten in der Ausbildungspraxis zusammen mit @fire. Mit wenig Aufwand lassen sich schnell völlig unterschiedliche Gelände- und Vegetationsformen nachbilden.

gem Aufwand leicht veränderbare Geländeformen und die Darstellung von Bewuchs oder Straßen bzw. Gebäude. Sprühfarbe kennzeichnet das Brandgebiet. Es geht v.a. um das Erlernen der wahrscheinlichen Ausbreitungsrichtungen (z.B. durch Bewuchs, Geländeform und Wind) und möglicher sinnvoller Gegenmaßnahmen. Dough Campbell (ehemaliger Mitarbeiter des US Forest Service im Bereich der Vegetationsbrandbekämpfung) hat dies über Jahrzehnte immer weiterentwickelt. Das Campbell Prediction System – CPS (vgl. CAMPBELL, 2010) zur vereinfachten Ausbreitungsprognose von Vegetationsbränden bzw. eine darauf basierende Ausbildung wird mittlerweile nahezu weltweit gelehrt – nicht aber in der Feuerwehr(führungskräfte)ausbildung in Deutschland.

Notwendiger Wissenstransfer

In den Jahren nach den traumatischen Erlebnissen aus der Waldbrandkatastrophe von 1975 in Niedersachsen gelang es unter Leitung des Bundesministeriums für Forschung und Technologie mehrere internationale und interdisziplinäre Tagungen in Deutschland zu veranstalten, die den damaligen Kenntnisstand und die Erfahrungen aus verschiedenen Einsatztechniken und -taktiken wiedergaben und weiterverbreiteten (veröffentlicht vom BMFT, 1979, 1981, 1985). Leider kam es in den Jahrzehnten danach nicht im Ansatz zu einem ähnlich breit aufgestellten Wissenstransfer, der bis weit in die Ministerien bzw. Universitäten und Führungsstäbe von Bundeswehr bzw. Bundespolizei (damals noch Bundesgrenzschutz) reichte. Es sollte versucht werden, dies wieder zu beleben, da derzeit in Deutschland nur nicht vernetzte Einzelinitiativen (lokal), oder die seit einigen Jahren etablierte ein- bis zweitägige Veranstaltung „Wipfelfeuer“ sowie die Workshops zur Taktik und zum Luftfahrzeugeinsatz von @fire zur Fortbildung und Vernetzung genutzt werden können.

Andere europäische Länder haben Deutschland hier in den letzten Jahren fachlich überholt, selbst wenn sie häufig über viel weniger Personal und Ausrüstung verfügen. Selbst in Großbritannien hat man nach den Erfahrungen aus dem heißen und trockenen Sommer 2013 mit seinen zahlreichen Vegetationsbränden landesweite Maßnahmen nach den Auswertungen vorgeschlagen und dazu Konferenzen einberufen (vgl. FIRE PARADOX, 2013).

Literaturverzeichnis

@fire (2020): Workshop AirOperations, Tagungsunterlagen und -ergebnisse, Bad Homburg.

@fire (2020): Fachempfehlung zum Einsatz von PSA in der Vegetationsbrandbekämpfung, 2020, https://www.at-fire.de/organisation/waldbrandbekaempfung/216-fire-veroeffentlicht-fachempfehlung-persoenliche-schutzausruestung-zur-vegetationsbrandbekaempfung. [abgerufen: 04.10.2020]

ACHILLES, E. (1976): Einsatz der hessischen Feuerwehren, in: EBERT/RAAB (1976)

ANONYM (1974): Ziemlich hilflos. Der Spiegel, 9/74.

ANONYM (1976): Viele an der Spritze, doch keiner an der Spritze. Stern 35/75.

ANONYM (1991): Jetzt ist Phantasie gefordert. Der Spiegel, 12/1991.

ANONYM (1994): Bum und aus. Der Spiegel, 36/1994.

ANONYM (2013): 21 Verletzte bei Waldbrand. http://www.skverlag.de/rettungsdienst/meldung/newsartikel/21-verletzte-einsatzkraefte-bei-waldbrand.html, vom 30.07.2013, Stumpf + Kossendey, Edewecht.

ANONYM (2013): Flugdienst: drittes Flugzeug gefordert. Feuerwehr-Magazin 08/2013, S. 13.

ANONYM (2013): Gefährlicher Kampf gegen die Flammen. Märkische Allgemeine, Online-Ausgabe vom 21.07.2013: http://www.maz-online.de/Lokales/Teltow-Flaeming/Gefaehrlicher-Kampf-gegen-die-Flammen.

ANONYM (2013): Informationen und Forschungsprojekte zur Thematik Waldbrand. Feuerwehrobjektiv, 6/2013.

ANONYM (2013): Wald auf früherem Militärgelände brennt, Märkische Oderzeitung, Online-Ausgabe vom 21.07.2013: http://www.moz.de/nachrichten/brandenburg/artikel-ansicht/dg/0/1/1175594/.

ANONYM (2013): Wildfire 2013 provides opportunity to share experiences of wildfires. Fire Times 08-09/2013.

APA (2013): Waldbrand in der Steiermark: Löscharbeiten gehen weiter. Der Standard 3.8.2013.

AUGSTEIN, R. (1975): Unsere Feuer machen wir selber aus. Der Spiegel, 34/75, Hamburg.

AZCARATE, J. C. (2014): Operaciones Aereas en Incendios Forestales. PAU COSTA FOUNDATION, Tivissa (Esp).

BARTELS, H. (1976): Waldbrand im Landkreis Celle im August. Die Feuerwehr 10/75 und EBERT, RAAB, 1976

BESCH, F.; CIMOLINO, U.; OTT, M. (2015): Versorgung im Einsatz. ecomed, Landsberg.

BÖHME, R. (2011): Einsatz von Hubschraubern sorgt für brandheiße Debatten. Mitteldeutsche Zeitung (MZ) vom 10.05.2011, Mitteldeutsches Druck- und Verlagshaus, Halle.

BOS-Fahrzeuge: DTF – Löschpanzer SPOT55, in: http://bos-fahrzeuge.info/einsatzfahrzeuge/47338/DTF_-_Loeschpanzer_SPOT-55/photo/47338, 2013

BUNDESMINISTERIUM FÜR FORSCHUNG UND TECHNOLOGIE (BMFT) (1979): Erstes Statusseminar Sicherheit und Brandbekämpfung zusammen mit der WIBERA. Lahnstein.

BUNDESMINISTERIUM FÜR FORSCHUNG UND TECHNOLOGIE (BMFT) (1981): Brand- und Katastrophenbekämpfung aus der Luft. International Wissenschaftlich-Technisches Symposium, Hannover, 1980, Tagungsband.

BUNDESMINISTERIUM FÜR FORSCHUNG UND TECHNOLOGIE (BMFT) (1985): Fortschritte bei der Brand- und Katastrophenbekämpfung aus der Luft. International Wissenschaftlich-Technisches Symposium Bremen 1984. Kohlhammer, München.

CAMPBELL, D. (2010): Campbell Prediction System, http://www.wildlandfire.com/docs/2010/campbell/cps-rx-book-sm.pdf.

CIMOLINO, U (2003): Hochwasserberichterstattung – Krise in den Stäben?, Bericht für die vfdb, Vortrag auf der Jahresfachtagung Baden-Baden.

CIMOLINO, U. (2010): Fahrzeugvergleich im Gelände, in: http://eins.jtruckenmueller.de/2010/100825/index.htm, Düsseldorf.

CIMOLINO, U. (2011): Umweltschutz – Euro VI und die Folgen für die Feuerwehr. Bericht für die AGBF NRW im Auftrag des AK Technik der AGBF, Düsseldorf.

CIMOLINO, U. (2012): Das Schnittstellendilemma. Vorschläge zur Untersuchung des Problems und Vereinheitlichung für die BOS, aus mehreren Jahren zusammengefasst in adhoc-Arbeitsgruppenvorschlag für die vfdb.

CIMOLINO, U. (2014): Analyse der Einsatzerfahrungen und Entwicklung von Optimierungsmöglichkeiten bei der Bekämpfung von Vegetationsbränden in Deutschland. Dissertation, Bergische Universität Wuppertal.

CIMOLINO, U. (2019): Warum brennen Einsatzfahrzeuge? Feuerwehr-Magazin 10/2019, Ebner Media Group, München.

CIMOLINO, U. (2019): RSEB 2019 und Erleichterungen für die mobile Betriebsstoffversorgung. vfdb-Zeitschrift 04/2019, Ebner Media Group, Ulm.

CIMOLINO, U. (2019): Einsätze bei Munitionsverdachtsflächen. Brandschutz 12/2019, Kohlhammer, Stuttgart.

CIMOLINO, U (2020): Einsatzleiterhandbuch – Feuerwehr, Loseblattwerk mit laufenden Nachlieferungen. ecomed, Landsberg.

CIMOLINO, U. (2020): Die aktuelle Lage im deutschen Wald. Brandschutz 06/2020, Kohlhammer, Stuttgart.

CIMOLINO, U.; ASCHENBRENNER, D.; LEMBECK, T.; PANNIER, C.; SÜDMERSEN, J. (2011): Atemschutz. Reihe Einsatzpraxis. 5. Auflage, ecomed, Landsberg.

CIMOLINO, U.; BAYER, G.; SCHNEIDER, S.; SCHWEIGGER, A. (2008): Kommunikation im Einsatz. Reihe Einsatzpraxis. 2. Auflage, ecomed, Landsberg.

CIMOLINO, U.; BESCH, F.; OTT, M. (2013): Versorgung im Einsatz. in: Das Große Feuerwehrhandbuch, ecomed, Landsberg.

CIMOLINO, U.; BRÄUTIGAM, A.; DE VRIES, H. (2010): Führung in Großschadenslagen. Reihe Einsatzpraxis. ecomed, Landsberg.

CIMOLINO, U.; DE VRIES, H.; GRAEGER, A.; LEMBECK, T. (2005): Der Zug im Einsatz von Lösch- und Rettungsgeräten. Reihe Standard-Einsatz-Regeln. ecomed, Landsberg.

CIMOLINO, U.; MAUSHAKE, D.; SÜDMERSEN, J.; ZAWADKE, T. (2015): Vegetationsbrandbekämpfung. Reihe Einsatzpraxis. ecomed, Landsberg.

CIMOLINO, U.; RIDDER, A.; LÜSSENHEIDE, B.; REEKER, C.; SÜDMERSEN, J. (2010): Atemschutz-Notfallmanagement. Reihe Einsatzpraxis. ecomed, Landsberg.

CIMOLINO, U.; SÜDMERSEN, J.; NEUMANN, N. (2019): Vegetationsbrandbekämpfung. Reihe Standard-Einsatz-Regeln. 3. Auflage, ecomed, Landsberg.

CIMOLINO, U.; ZAWADKE, T.; DE VRIES, H.; KÖGLER, H.; LANG, O.; RUCKERBAUER, J. (2005): Einsatzfahrzeuge – Fahrzeugtechnik. Reihe Einsatzpraxis. ecomed, Landsberg.

CIMOLINO, U.; ZAWADKE, T.; KÖGLER, H. (2006): Einsatzfahrzeuge – Typen. Reihe Einsatzpraxis. ecomed, Landsberg.

COLEMAN, R. J. (1978): Management of Fire Service Operations, USA.

DE VRIES, H. (2008): Brandbekämpfung mit Wasser und Schaum. Reihe Einsatzpraxis. 3. Auflage, ecomed, Landsberg.

DE VRIES, H.; WEICH, A.; FREYNIK, W.; GRAEGER, A.; CIMOLINO, U. (2004): Wasserförderung über lange Wegestrecke. Reihe Einsatzpraxis, ecomed, Landsberg.

DFV (2018): Sicherheit und Taktik im Waldbrandeinsatz. Fachempfehlung Nr. 2, Berlin, 2018, http://www.feuerwehrverband.de/fe-waldbrand.html. [abgerufen: 04.06.2020].

DFV (2020): Waldbrand-TLF, Fachempfehlung. Berlin, 2020, http://www.feuerwehrverband.de/fileadmin/Inhalt/FACHARBEIT/FB4_Technik/AGBF_DFV-Fachempfehlung_Waldbrand-TLF.pdf. [abgerufen: 04.06.2020]

DGUV (2009): Gefährdungs- und Belastungskatalog. Beurteilungen von Gefährdungen und Belastungen am Arbeitsplatz. DGUV Information.

DGUV (2017): DGUV Regel 114-009 – Sichere Einsätze mit Hubschraubern, Ausgabe 12/1997.

DGUV (2018): DGUV Vorschrift 49 – Unfallverhütungsvorschrift Feuerwehren.

DGUV (2020): Ergänzende Hinweise zu Schutzhandschuhen gegen mechanische Gefahren gemäß DIN EN 388:2017, https://www.dguv.de/medien/inhalt/praevention/fachbereiche_dguv/fb-fhb/feuerwehren/handschuhe.pdf. Unfallkasse Baden-Württemberg [abgerufen: 28.09.2020].

DIN EN 15614: Schutzkleidung für die Feuerwehr – Laborprüfverfahren und Leistungsanforderungen für Schutzkleidung für die Brandbekämpfung im freien Gelände, September 2007.

DPA (2013): Feuerwehrwagen brennt bei Einsatz aus. in: http://www.nordbayerischer-kurier.de/nachrichten/feuerwehrwagen_brennt_bei_einsatz_aus. vom 04.08.2013.

EBERT, H.; RAAB, H. (u.a.) Redaktion (1976): Feuerwehr Dietzenbach Sonderinfo: Waldbrandkatastrophe in Niedersachsen. Versuch einer Dokumentation. Sammlung von Einsatzberichten beteiligter Feuerwehren, Dietzenbach

EDNER, D. (2011): Optimierung der fahrzeuggestützten Vegetationsbrandbekämpfung unter Berücksichtigung der gegebenen technischen Möglichkeiten der kommunalen Feuerwehren in Deutschland. Bachelorthesis, Fachhochschule Köln.

EICHLER, S. (2012): Bäume gegen Flammen. Focus 40/2012, Focus Magazin Verlag, München.

EUROFIRE. (2010): EuroFire. (S. Maisch, Producer, & GFMC) Retrieved 2010/02/06 from http://www.euro-fire.eu/

EUROFIRE. (n.d.). Unit EF4: Training: Apply Hand Tools to Control Vegetation Fires.

FABRIZIO, M.; CIMOLINO, U.; LANGE-HEGERMANN, J.; PANNIER, C. (2014): Persönliche Schutzausrüstung. Reihe Einsatzpraxis. ecomed, Landsberg.

FF TREUGEBÖHLA (2007): Chronik, 2007, http://www.ffw-treugeboehla.de/ffw-chronik.pdf, Treugeböhla.

FF WALCHENSEE (2013): http://www.ff-walchensee.de/index.html, Walchensee.

FIRE PARADOX (2013): http://www.fireparadox.org/, Neue Methoden der Waldbrandverhütung und -bekämpfung. Projekt zahlreicher unterschiedlicher Behörden, Feuerwehren und Universitäten aus Europa.

FUK (2020): OBEN OHNE? FUKnews, 04/2020.

FUK Nord (2020): Bekämpfung von Vegetationsbränden – Welcher Atemschutz und welche Schutzkleidung sind geeignet? https://www.hfuknord.de/hfuk/aktuelles/meldungen/2020/Bekaempfung-von-Vegetationsbraenden.php. vom 07.07.2020 [abgerufen 15.07.2020].

GADE, G. D.; KIELER, M. (2008): Polizei und Föderalismus. Kohlhammer, Stuttgart.

GAUSELMANN, K. (2011): Waldbrand in Schild. Mitteldeutsche Zeitung (MZ) vom 10.05.2011.

GEIGER, R. (1933): Können herumliegende Bierflaschen einen Waldbrand verursachen? Forstwissenschaftliches Centralblatt 55, 1933.

GRAEGER, A.; CIMOLINO, U.; DE VRIES, H.; SÜDMERSEN, J. (2009): Einsatz- und Abschnittsleitung. Reihe Einsatzpraxis. 2. Auflage, ecomed, Landsberg.

HANL, A. (2013): Waldbrandblog über die Plattform www.feuerwehr-forum.de. Waldbrände, deren Schäden und Folgen.

HASTON, D. V. (2007): Respirator Use by Wildland Firefighters. United States Departement of Agriculture, Forest Service.

HEINE, G. (2013): Es ist zu gefährlich. Märkische Allgemeine Zeitung vom 18.04.2013.

HESSEN-FORST: Rettungskette Forst, http://www.hessen-forst.de/service/rettungskette.htm. Kassel.

INGENIEUR360 (2012): Zunehmende Waldbrände beschäftigen Forschung. http://www.ingenieur360.de/forschung-entwicklung/zunehmende-waldbraende-beschaeftigenforschung vom 03.09.2012. targroup Media, Köln.

INNENMINISTERIUM THÜRINGEN (2020): Handbuch Vegetationsbrandbekämpfung. https://www.thueringen.de/mam/th3/lfks/downloads/sonstige/handbuch_vegetationsbrandbekampfung.pdf. [abgerufen: 25.06.2020].

JENDSCH, W. (2009): Feuerwehr Einsatzfahrzeuge – Waldbrandbekämpfung. Typenkompass. Motorbuch Verlag, Stuttgart

JENDSCH, W. (2010): Feuerlöschflugzeuge: Löschen aus der Luft. Typenkompass. Motorbuch Verlag, Stuttgart.

KISSLINGER, A. (2011): Führungs- und Kommunikationsorganisation im Waldbrandeinsatz. Masterthesis, Universität Wuppertal.

KÖNIG, H. C. (2007): Waldbrandschutz. Kompendium für Forst und Feuerwehr. Fachverlag Matthias Grimm, Berlin.

LEX, P. (1996): Bekämpfung von Waldbränden, Moorbränden, Heidebränden. Reihe die roten Hefte. 4. Auflage. Kohlhammer, Stuttgart.

LIEBENEINER, E. (1981): Aus dem Walde. Waldbrandberichte, Heft 34, Mitteilungen der Niedersächsischen Landesfortverwaltung, Hannover.

LUTTERMANN, K. (1996): Die große Waldbrandkatastrophe. Selbstverlag, Hannover.

LUTZ, M. (2013): Feuerschneisen bei Waldbränden. Anfragen im Forum von www.feuerwehr.de: http://www.feuerwehr-forum.de/f.php?m=777204#777204.

MAASS, J. (1993): 700 Kilometer zum Einsatz. Feuerwehr-Magazin, 2/93.

MATZARAKIS, A.; MAYER, H. (2007): Berichte des Meteorologischen Institutes der Universität Freiburg, Nr. 16.

MECKLENBURG-VORPOMMERN (2009): Durchführungserlass zum Gemeinsamen Waldbrandrunderlass des Ministerium für Landwirtschaft, Umwelt und Verbraucherschutz und des Innenministeriums, 25. Juni 1999, Lesefassung 15. Juni 2009.

MINISTERIE VAN VEILIGHEID EN JUSTITIE (2010): Inspectie Openbare Orde en Veiligheid: Brand Strabrechtser Heide, Deel 1: De hoofdstructuur va de rampenbestrijding; Deel 2: De feitelijke bestrijding van de natuurbrand, Den Haag (NL).

MISSBACH, KARL (1982): Waldbrand – Verhütung und Bekämpfung. 3. Auflage, VEB Deutscher Landwirtschaftsverlag, Berlin.

MÜLLER, J. (2009): Zukunft der Feuerwehr – Feuerwehr der Zukunft im ländlichen Raum. Dissertation Universität Wuppertal.

MÜLLER, M. (2019): Waldbrände in Deutschland – Teil 1. AFZ-DerWald 18/2019.

Müller, M. (2020): Waldbrände in Deutschland – Teil 2. AFZ-DerWald 01/2020.

Müller, T.; Wittich, K.-P.; Durner, W. (2006): Glasscherben als Ursache von Waldbränden? in Matzarakis/Meyer, 2007.

NRW: Zusammenarbeit der Forstbehörden mit den Feuerwehren und Katastrophenschutzbehörden. ZFK 2017.

NWCG (National Wildfire Coordinating Group) (2004): NWCG Handbook 3, Fireline Handbook.

Oestreich, N. (2011): Digitale Einsatzunterstützung – Übersicht, Erfahrungen und Visionen zu technischen Führungsmitteln in der nichtpolizeilichen Gefahrenabwehr. Bachelorthesis, FH Hamburg.

Patzelt, S. (2008): Waldbrandprognose und Waldbrandbekämpfung in Deutschland – zukunftsorientierte Strategien und Konzepte unter besonderer Berücksichtigung der Brandbekämpfung aus der Luft. Dissertation Johannes Gutenberg-Universität, Mainz.

Pinkenburg, G. (2013): Verwaltungsvorschrift zur Katastrophen- und Notfallhilfe der Bundespolizei. Brandschutz 05/2013.

Puf, B. (1975): Waldbrandkatastrophe in Niedersachen, Einsatz der Feuerwehren Baden-Württemberg. Brandhilfe, 12/1975.

Raab, H. (2009): Bericht UB-Feuerwehr Magazin – Feuerwehr eine bedrohte Spezies. Forumsbeitrag vom 25.10.2009, 08:46, auch zu Gründen der Abweichung von statistischen Angaben in den Bundesländern, www.feuerwehr.de/forum, Dietzenbach.

Ridder, A. (2010): Die Funktion „Safety Officer“ bzw. „Sicherheitsassistent“. BrandSchutz Deutsche Feuerwehr-Zeitung, 08/2010.

RMdL (Reichsminister der Luftfahrt und Oberbefehlshaber der Luftwaffe) (1941): L.Dv. 773/1 – Richtlinien für die Brandbekämpfung im Luftschutz, Anlage 1: Die Bekämpfung von Wald-, Moor- und Heidebränden, Berlin.

Rockholtz, F. (2011): Möglichkeiten und Grenzen der bodengebundenen Brandbekämpfung von Vegetationsbränden unter besonderer Betrachtung der manuellen Handwerkzeuge. Bachelorthesis, FH Köln.

Rumpf, H. (1952): Der hochrote Hahn, E.S. Mittler & Sohn GmbH, Darmstadt.

Saller, R. (2013): diverse persönliche Mitteilungen von 2013.

Sampl, J.; Kapelarie, J.; Schrott, P. (2013): Berge in Flammen. FEUERwehrOBJEKTIV 6/2013.

Schellrieder, H.-J. (1976): Phoenix 12: „Dropping“. Nachdruck aus Flug-Revue + flugwelt, in: Ebert/Raab, 1976

Schröder, M. (2009): Systematische Analyse von Einsatzerfahrungen aus der Waldbrandbekämpfung in der Bundesrepublik Deutschland. Masterthesis, Universität Wuppertal.

Staatliche Feuerwehrschule Würzburg (2019): Merkblatt 5.006 Vegetationsbrände. Würzburg, 11/2019.

Staatliche Feuerwehrschule Würzburg (2019): Vegetationsbrandbekämpfung, Würzburg, vgl. https://www.sfs-w.de/aktuelles/detailansicht/vegetationsbraende-1194.html?cHash=e6694b859a50929d7b877649c13017ab. [abgerufen 25.06.2020].

Staatliche Feuerwehrschule Würzburg (2020): Ausbildungsunterlagen zur Waldbrandbekämpfung aus der Luft. Würzburg.

Stahlbuhk, H (1975): Einsatz der FF Hamburg. Die Feuerwehr, 10/75

Streitkräfteunterstützungskommando (2010): Basisinformationen zur Neuordnung der Zivil-Militärischen Zusammenarbeit bei Hilfeleistungen/Amtshilfe, Bonn.

Tönnemann, S. (2020): Amtshilfe. in: Cimolino: Einsatzleiterhandbuch. ecomed, Landsberg.

Werft, W.; Cimolino, U.; Springer, H.; Heyne, T. (2009): Absturzsicherung und einfache Rettung aus Höhen und Tiefen. Reihe Einsatzpraxis. Ecomed, Landsberg.

Wündrich, T. (2008 – 2012): Arbeiten, Vorträge und Dissertation im Rahmen des Coal Fire Projektes, Universität Wuppertal.

Zawadke, T. (2002): Kettenfahrzeuge im Feuerwehrdienst. brandschutz 11/2002.

Zawadke, T. (2002): OSIRAS. Vortrag für @fire, Neu-Ulm, 2013. Kohlhammer, Stuttgart.

Zawadke, T. (2017): Erfahrungsbericht zum größten Waldbrand in der Geschichte Schwedens. brandschutz 8/2017.

Zbinden, P.; Zawadke, T. (2017): Gebirgsbrandbekämpfung – Einsätze in schwierigem Gelände. brandschutz 10/2017

Abbildungs-Quellenverzeichnis

@fire: 9, 62, 69, 72, 78, 79, 80, 83, 119, 144, 145, 155, 172, 187, 190, 191, 195, 196, 210
Auer: 161
Bartsch, Oschatz: 15
BF Osnabrück: 189
BRK BGL: 214
Bundespolizei: 10, 45
Carolin Kaiser, Drebkau: 58
Ceyka, Fischamend: 126, 141
Davidovic, Düsseldorf: 18, 19, 52, 55, 151, 152, 169, 204
de Vries, Hamburg: 99, 176, 182
Evert, Hamburg: 203
Feuerwehr Achmer: 154
Feuerwehr Bad Reichenhall: 25, 157, 173, 174
Feuerwehr Düsseldorf: 5
Feuerwehr Essen: 160
Feuerwehr Kempfeld: 134
Feuerwehr Osnabrück: 96
Feuerwehr Ottendorf/Sächsische Schweiz: 28
Feuerwehr Ratingen: 156
Feuerwehr Riedenburg: 131
Feuerwehr Simbach a. Inn: 7
Feuerwehr Vila Real Cruz Branca, Portugal, über @fire: 20
Feuerwehr Wenden: 27
Geobyte, Stuttgart: 162
Gihl, Hamburg: 87
Glockzin, Gröningen: 37
Greenpeace Russland über @fire:192
Hamm, Ratingen: 139
Hanl, Weißwasser: 29, 30, 31, 42, 95
Herbold, Bochum: 114
Hilger, Düsseldorf: 46, 158, 183
ITURRI: 49
Jann, Geesthacht: 17
Kalthöner, Essen: 159
Jerge, @fire: 68
Kaufmann, Zirl (A): 63
Klingelhöller, Wrohm: 36
Kögler, Ottendorf: 2, 12, 14, 70, 71, 81, 105, 125
Kosac: 104
LFS Celle: 13
LSTE Brandenburg, Witthoff: 44, 47
Lutz, Hohentegen: 122
Maushake: 75, 194, 202, 205, 206, 207, 209, 219, 217, 218
Nonstopnews, Delmenhorst: 21
Prinoth, Sterzing (Italien): 122
Rinke, @fire: 186
Rockholtz: 74
Runte, Westheim: 64
Schnitker, dlk23-12.de: 50
Schrader, Geesthacht: 26
Sebastian Rühle, Südharz – Art und Photography: 16
SFS-W: 207
SK TEC, Menden: 137
Spikowski, Düsseldorf: 39, 106
Strouvelle, Mohrbach: 52, 150
Tampier, Dortmund: 36, 133
Taubert, Bad Sulza: 85
THW Arnsberg: 164
Truckenmüller, Düsseldorf: 8, 33, 149, 153,
Umweltschutzzug Feuerwehr Düsseldorf: 38
Vallfirest: 193
Weber, Schwäbisch-Gmünd: 167, 211
Weich, Düsseldorf: 140, 198, 199
Wette, Lennep: 54
Wolf, Bad Hersfeld: 53

Alle hier nicht genannten Abbildungen stammen von den Autoren.

Stichwortverzeichnis

FACHWISSEN FÜR IHR
GESAMTES UNTERNEHMEN
Lesen Sie und Ihre Kollegen ganz BEQUEM und ZEITGLEICH.
✓ TASPO.DE
Zugriff auf exklusive Inhalte sowie tiefgreifende Infos und Statistiken.
✓ TASPO APP
Interaktive Ausgaben, Stichwortsuche und vieles mehr.
✓ E-PAPER-ARCHIV
Alle Ausgaben seit 2018.
Individuelle Pakete für alle Unternehmensgrößen.
Jederzeit flexibel erweiterbar.
JETZT ANFRAGEN
Ihr persönlicher Ansprechpartner
Moritz von Kruedener
+49 531 38004-58
moritz.vonkruedener@haymarket.de
shop.taspo.de/lizenzen
TASPO
LIZENZEN